하루만에 이해하는
노벨 과학상
2025

하루만에 이해하는
노벨 과학상
2025

노벨 생리의학상, 물리학상, 화학상을 통해 보는
과학의 현재와 미래 ──── 전승민 지음

포르체

책을 시작하며
우리가 '노벨상'을
알아야 하는 이유

사람들은 무언가 큰 성취를 이룬 사람에게 '상'을 줍니다. 일생의 영광이 될 만한, 아주 권위 있는 상도 적지 않습니다. 수학 분야 최고의 상이라고 하면 '필즈상'이나 '클레이 밀레니엄상'이, 문학 분야에서는 '맨부커상'이, 저널리즘 분야에서는 '퓰리처상'이 자주 거론됩니다. 경제 분야에서는 '존 베이츠 클라크 메달', 'RoWE' 등을 꼽지요. 공학 및 기술 분야에서는 '튜링상'이나 '드레이퍼상'이 있습니다. 사회과학 분야에서는 '홀베르그상'이나 '맥아더 펠로우십'도 유명합니다.

이런 상 중에 '어떤 것이 더 훌륭한가'를 논하는 것

은 의미 없는 일입니다. 분야도 다르고, 각각의 상에 대해 사람마다 갖는 생각도 모두 다를 테지요. 누군가에게는 일생의 영광이지만, 그 분야에 관심이 없는 누군가에는 '그런 상이 있는지'조차 모르기도 합니다.

하지만 단 한 가지 상만큼은 지구촌의 거의 모든 사람이 예외적으로 그 권위와 영광을 인정합니다. 바로 '노벨상'입니다. 전 세계에 가장 널리 알려진, 가장 권위 있는 상을 '그래도 하나만 꼽아 보라'라고 하면, 노벨상 이외의 것을 생각하긴 어려운 것이 사실입니다.

잘 알려진 것처럼, 노벨상이 생겨난 까닭은 다이너마이트 개발자였던 '알프레드 노벨'의 유지 때문이었습니다. 노벨은 1896년 12월 10일 사망했는데, 약 1년 전인 1895년 11월 27일 마지막 유언을 작성했지요. 그의 뜻에 따라 1901년에 노벨상이 처음으로 수여됐습니다. 노벨 사망 5주년을 기념하는 해였습니다. 처음엔 물리, 화학, 생리의학상, 문학, 평화의 다섯 분야로 시작했다가, 1968년 경제학상이 추가되면서 오늘날까지 매년 6개의 상을 수여하고 있습니다. 노벨의 뜻에 따라 평화상은 노르웨이에서, 다른 5개의 상은 스웨덴에서 수여합니다.

자세히 나눠보면 물리학상, 화학상, 경제학상은 스웨덴 왕립 과학한림원에서, 생리의학상은 스웨덴 카롤린스카 의과대학교 노벨 위원회에서, 문학상은 스웨덴 아카데미에서, 평화상은 노르웨이 노벨 위원회에서 수여합니다.

안타까운 것은 노벨상과 관련된 정보가 대단히 어렵다는 점입니다. 노벨상 중에서도 과학 분야 3개 상, 즉 생리의학상, 물리학상, 화학상의 3개 분야는 인류의 과학사(科學史)를 다시 쓸 만큼 뛰어난 성과를 낸 과학자에게 주어지므로 그 내용이 절대 쉽지 않습니다. 수상자가 발표되면 많은 언론사에서 너도나도 기사를 쏟아 냅니다만, 그 내용을 살펴보면 쉽게 이해할 수 있도록 쓰인 경우가 없다시피 합니다. 이건 기자들이 반성해야 할 문제입니다만, 현실적으로 한계가 있기도 합니다.

한 사람의 기자가 물리와 화학, 생리의학 3개 분야에 모두 능통하기란 쉽지 않습니다. 만약 기자가 해당 분야 전공자라서 모든 내용을 잘 알고 있다고 해도, 그 내용을 일상 언어로 풀어 쓰기가 사실상 불가능할 때도 많습니다. 하루이틀이라도 시간을 두고 관련 내용을 차분히 공부해 볼 수 있으면 좋겠지만, 매일매일 기사를 써야 하는 신문, 혹은 방송기자 입장에서는 어쩔 수 없이 '적당한 타협' 끝에 기사를 송고합니다.

그러니 매년 10월이면 새로운 노벨상 수상 내용과 관련된 정보가 세상에 넘쳐납니다만, 막상 대중이 쉽게 접근하기는 여전히 어렵게 여겨지는 듯해서 대단히 안타깝게 여겨졌습니다.

그래서 책이라는 수단을 이용하면 좋다는 생각을 했습니다. 2025년 올해의 노벨상 수상 내용을 단 며칠이라도 차분히 짚어 보고, 이를 최대한 알기 쉬운 언어로 가공해 독자 여러분에게 전달하면 좋겠다고 여겼습니다. 평화상이나 문학상, 경제학상은 저로선 언급하기 어렵습니다만, 노벨 '과학상' 분야, 즉 생리의학상과 물리학상, 화학상만큼은 알기 쉽게 정리해 드리고 싶었습니다.

노벨 과학상은 시대의 변화를 이끄는 중요한 연구 성과를 지목합니다. 세상을 크게 바꿀 수 있는 중요 정보를 담은 셈이지요. 노벨상과 관련된 정보를 알아보는 건, 결국 현시대 과학 기술의 뿌리를 이해하는 기본적 잣대를 얻는 것이라 해도 크게 틀리지 않습니다. 이공계 분야 종사자나 학생이 아니더라도 이는 대단히 중요합니다. 경제·산업 분야에 일하는 사람에게는 투자나 사업 방향을 결정하는 데 중요한 기준이 될 수 있습니다. 대학생들은 사회의 변화 모습을 짚어보고 미래를 대비해 나갈 수 있을 테지요. 중고등학교 청소년 학생에게도 노벨상 관련 정보 기본적인 이해를 다져 두기를 권장합니다. 노벨상 관련 정보를 갖춘 학생이 생기부, 논술 등에 대비할 때 큰 비교 우위를 가질 수 있습니다.

이 책을 쓰면서 '어떻게 해서든 쉽게 쓰자'는 데 가장 주의를 기울였습니다. 완벽하고 오류 없는 설명은 물론 중요합니다만, 그에 앞서 친절하고 알기 쉬운 해설에 초점을 맞췄습니다. '누구나 읽을 수 있는 노벨상 이야기'를 만들고 싶었습니다.

부디 이 책을 접하는 독자 여러분께서 "노벨상 그거, 알고 보니 쉽고 재미있더라."라고 이야기할 수 있기를 진심으로 바랍니다. 막연했던 기초 과학 분야 연구 성과가 조금은 더 선명하게 그려지고, 하루가 멀다고 뉴스에 소개되는 각종 과학기술 정보가 남의 이야기가 아닌, 내 삶을 풍요롭게 할 중요한 소재로 여겨질 수 있으면 좋겠습니다. 그런 정보가 여러분이 다가올 미래의 현명한 주역으로 참여하는 데 작은 디딤돌이 될 수 있기를 바랍니다. 이는 저자로서, 또 한 사람의 과학 전문 기자로서 더없는 기쁨이 될 것입니다.

목차

책을 시작하며　우리가 '노벨상'을 알아야 하는 이유　　4

1장　　2025 노벨 생리의학상

맞춤형 '면역 치료'의 길을 열다　　14
노벨상 수상 소식을 몰랐던 과학자　　37
면역 치료 기술의 발전, 어떻게 활용해야 할까　　47

2장　　2025 노벨 물리학상

현실 속에서 '유령 현상'을 재현하다　　54
거시적 양자 터널링을 만든 '버클리대 3인방'　　74
코앞으로 다가온 '양자 컴퓨팅' 시대　　82

3장　　2025 노벨 화학상

레고처럼 만드는 '금속 스펀지'의 등장　　90
'맞춤형 물질'의 시대를 연 분자 건축가들　　106
산업 지형 바꿀 '신소재 산업'이 열린다　　115

(1장)

2025
노벨 생리의학상

메리 브런코
Mary E. Brunkow

프레드 램즈델
Fred Ramsdell

사카구치 시몬
Shimon Sakaguchi

© Nobel Prize Outreach, 그림: Niklas Elmehed

맞춤형 '면역 치료'의 길을 열다

우리는 왜 '면역 질환'에 걸리지 않고 건강하게 살 수 있을까?
'말초 면역 관용'과 '조절 T세포'의 비밀을 밝히다

2025년 노벨 생리의학상의 의미를 한마디로 정의하면, 첨단 의학의 한 분야인 '면역 치료' 기술을 큰 폭으로 끌어올릴 수 있는 기본 원리를 발견했다는 점이다.

인터넷에 '2025년 노벨 생리의학상'을 검색해 보면, '조절 T세포'의 기능을 밝혀 '말초 면역 관용'을 발견한 사람들이 상을 받았다고 적고 있다. 그런데 막상 말초 면역 관용이 뭔지, 조절 T세포가 뭔지를 제대로 설명해 주는 경우는 많지 않다. 설명이 적혀 있긴 한데, 이해가 쉽지 않은 경우도 적지 않다. '자가 면역 질환과 암 치료에 새로운 길을 열었다'는 해설을 덧붙이고는 있으나,

그 원리가 어떤 것인지를 정말로 차근차근 정리한 자료도 거의 찾아보기 어려웠다. 이런 정보를 살펴보는 내내 '또 얼마나 많은 사람이 답답함만을 안고 넘어가 버릴까'라는 생각이 들어 안타까웠다.

그도 그럴 것이, 노벨 생리의학상 수상의 의미를 알아보려면 우선 '면역'에 대한 기본적인 이해가 필요하기 때문이다. 과거부터 모아 두었던 면역학 관련 서적과 정보를 꺼내 정리하다 보니, 의외로 많은 내용을 두루 알고 있을 필요가 있었다.

따라서 우리 몸의 '면역 체계'가 어떤 것인지 이야기하면서, 노벨상 수상 내용에 대해 단계적으로 정리해 보고자 한다. 물론 면역학은 생명과학 분야 전공자가 체계적으로 공부해도 모두 이해하기 까다로울 만큼 범위가 넓다. 이번 노벨상 수상과 관련된 부분만 추려 기본적인 것부터 시작해 간단히라도 짚고 넘어가도록 하자. 생명과학 분야 기본 상식과 관계가 크기 때문에, 일생 도움이 될 과학적 지식을 얻는 데도 보탬이 될 것이다.

면역이 도대체 뭔데?

흔히 면역이라고 하면 '몸속에서 병과 싸우는 기운(?)' 같은 것으로 생각하는 경우를 자주 본다. 그래서 몸에 좋은 음식이나 약을 먹어 '면역력을 보충'하면 한동안은 건강하게 지낼 수 있다고 생각한다. 하지만 면역이란 어떤 '힘'이라기 보다, 우리 몸이 감염과 싸우는 기본적인 기능이다. 즉, 몸 밖에서 들어온 미생물 또는 미생물이 만들어 낸 부산물에 대응해 우리 몸속에서 벌어지는 다양한 대응을 모두 이야기한다. 따라서 약이나 특정 식품을 먹어서 면역 기능 자체를 튼튼히 한다는 건 현실적으로 이치에 맞지 않는다. 부족하거나 넘치는 영양소가 없도록 식생활을 관리하고, 생활 리듬을 일정하게 지키고, 충분한 수면 시간을 가져서 몸 전체가 바르게 기능하도록 하는 것이 가장 좋은 방법일 것이다.

아무튼 면역의 기능을 구분해 보면, 크게 두 종류로 나뉜다. 첫째가 '자연 면역'이다. '선천 면역'이라고도 부른다. 태어날 때부터 가지고 있는 우리 인체의 기본적인 시스템이다. 병원체가 몸에 들어오지 못하도록 막고, 또 들어오면 다양한 반응을 일으키며 이를 몰아낸다. 몸속에 들어온 병원체가 있다면 우리 몸속의 '경찰', 즉 '대식 세포'라고 부르는 백혈구 속 일부 세포들이 잡아먹어 없앤다. 선천 면역의 특징은 '기억 세포'가 관여하지 않는다는 점이다. 순찰 도중에 발견된 범인을 우연히 잡을 뿐이지, 지명 수배 정보는 가지고 있지 않다.

두 번째로 '획득 면역'이다. '후천 면역'이라고 부르는 경우가 많다. 우리 몸은 어떤 병에 걸린 적이 있거나, 혹은 백신을 맞아 그 병에 대한 정보를 몸에 학습시킨 경우에는 훨씬 더 빠르고 효과적으로 대응한다. 자체적으로 학습하고 대응하는 기능이 있기 때문이다. 우리가 백신을 맞는 것은 이 '학습 정보'를 더 안전하게 얻어 내기 위해서이다.

학교에서 과학 시간에 '항원-항체 반응'이라는 이야기를 들은 적이 있을 것이다. 이번 노벨상을 이해하는 데 있어 가장 중요한 개념이다. 짧게 설명해 보자면, 우리 몸에 들어온 외부 물질 중 질병을 일으킬 수 있는 것이 보통 '항원'이 된다. 좀 더 정확하게 말하면 항원은 바이러스나 세균과 같은 병원체가 저마다 가지고 있는 독특한 모양의 단백질인데, 이 항원에 반응해 우리 몸의 면역 세포는 작은 단백질 조각을 만든다. 이를 '항체'라고 부른다.

항체를 현미경으로 보면 알파벳 'Y자' 모양으로 생겼는데, 이 Y자 끝에 붙은 갈고리 덕분에 항체는 항원의 표면에 달라붙을 수 있다. 이렇게 되면 병원체는 제대로 활동하기가 어렵게 되므로 결국 죽게 된다. 또 항체는 '보체'라는 작은 드릴 같은 분자를 움직여, 살아있는 항원 세포에 구멍을 내 터져 죽게 하기도 한다. 또 항체가 달라붙은 항원은 병원체를 잡아먹는 세포, 이른바 '대식세포'가 찾아내기도 쉬워진다. 이른바 '지명수배'가 걸리는 것이다.

면역력 때문에 도리어 병에 걸린다?

흔히 '면역력이 강하면 무조건 좋은 것 아니냐'고 생각하는데, 강하다고 좋은 것만은 아니다. 그보다는 적절하게 기능해야 한다. 우리 몸속 면역 기능이 제대로 기능하려면 해로울 가능성이 있는 외부 항원을 인식했을 때, 이를 방어하기 위해 능력을 다시금 깨우거나 끌어내서 동원한다. 그다음 항원을 공격하고, 그 공격 과정도 적절하게 제어한다. 그리고 항원이 충분히 제거됐다고 여겨지면 공격을 종료해야 한다. 이 과정 어딘가에서 문제가 생기면 심각한 문제가 생길 수 있다.

예를 들어 우리 몸속 면역 신호 물질 중 '사이토카인(cytokine)'이라는 것이 있는데, 세포 신호(cell signaling) 과정에서 중요한 역할을 하기 때문에 우리 몸에 꼭 필요하다. 하지만 때에 따라선 우리 몸을 공격하는 칼날이 되어 돌아오기도 한다. '사이토카인 폭풍(cytokine storm)'이라는 심각한 증상이 일어나는 경우가 있기 때문이다. '사이토카인 방출 증후군'이라고 부르기도 한다. 이는 면역 기능이 뛰어난 젊은 층에서 주로 보이는 증상으로, 외부에서 침투한 병원체 대항하기 위한 인체 내 면역 체계의 과도한 반응이 정상 세포까지 공격하여 일어난다. 항체가 많아졌으니 뒤따라서 대식 세포 등의 증식도 일어난다. 그렇게 되면 과도한 급성 염증 반응이 일어나면서 고열 등의 증상이 생기며, 이 과정에서 목숨을 잃는 경우도 적지 않게 보고되고 있다. 신종코로나바이러스감염증(코로나19) 초창기에 이 같은 증상으로 젊은 층의 사망이 보고되며 사회적으로 파장을 일으킨 바 있다. 스페인 독감 당시도 이 증상으로 많은 젊은 사람이 목숨을 잃었는데, 25~45세의 건강한 사람들의 높은 사망률은 주로 사이토카인 폭풍이 원인으로 꼽혔다. 조류인플루엔자(H5N1), 에볼라, 메르스 등 여러 가지 감염성 질병에서 이 같은 증상이 보고된 바 있다.

물론 이러한 사례는 특수한 경우이다. 흔히 우리가 주위에서 볼 수 있는 면역 질환은 크게 두 종류인데, 첫 번째는 흔히 이야기하는 '알러지'다. 본래 항원으로 작용하지 말아야 할 것들을 우리 몸이 항원으로 인식해 공격하는 경우다. 예를 들어 꽃가루는 어디서나 볼 수 있고, 독성도 거의 없다. 따라서 이런 것이 눈이나 코로 조금 들어오더라도 보통 사람은 별 문제 없이 살아간다. 그런데 꽃가루에 알러지 반응이 일어나는 사람이 적지 않다. 우리 몸속 면역 세포들이 꽃가루 성분을 질병을 일으키는 물질, 즉 항원으로 보고 공격해서다. 그 과정에 염증 등이 일어나므로 마치 병원체에 감염된 것과 똑같이 고통을 느끼게 된다. 눈이나 코 또는 피부가 가렵고, 눈물이나 콧물이 나고, 발진, 재채기 등의 증상이 생긴다. 집

먼지, 집진드기와 그 배설물, 동물 비듬, 곰팡이 등 우리 주변에 흔한 물질 어느 것이나 항원이 될 수 있다. 복숭아, 밀가루 속 단백질 성분(글루텐), 새우나 게, 과일 등 먹는 음식물을 항원으로 인식하기도 한다.

이런 알러지 반응은 일어나는 장소에 따라 이름이 바뀌기도 하는데, 기관지에서 일어나 계속 기침을 하게 만들면 '천식', 피부에서 계속 반응을 일으켜 가려움증과 염증 등을 일으키면 '아토피', 콧물, 재채기 등을 일으키면 '비염'이라고 부르는 식이다. 원천적인 치료는 불가능하지만, 우리 몸속 면역 세포가 항원에 반응할 때 생겨나는 물질('히스타민'이라고 한다)의 작용을 방해해 알러지 증상이 일어나는 것을 막는 것은 가능하다. 흔히 판매되는 '콧물약' 등이 이런 원리에 따라 만들어진 것이다.

이밖에 '자가 면역 질환'이라는 것도 있다. 알러지는 병원체가 아닌 물질을 항원으로 인식하는 것이라면, 자가 면역 질환은 내 몸속에 멀쩡하게 있는 '인체 조직'을 항원으로 인식해 공격한다. 내 몸을 내 면역이 공격하는 것이다. 인체의 모든 장기와 조직에서 나타날 수 있는데, 갑상샘, 췌장, 부신 등의 내분비기관, 심지어 적혈구에도 면역 반응을 나타낸다. 류머티즘성 관절염, 크론병(장기에 염증이 생기는 병), 제1형 당뇨병, 갑상샘저하증 등 다양한 질병의 원인이 이런 면역 이상으로 생긴다. 이밖에 이름도 어려운 병들이 굉장히 많이 있다. 하시모토 갑상샘염, 전신성 홍반루푸스(루푸스), 애디슨병, 다발근육염, 쇼그렌 증후군, 진행성 전신 경화증 등이다. 사구체신염(신장 염증) 등이다. 불임도 자가면역 기능과 관계되는 경우가 있다.

이런 경우 면역 질환은 몸의 면역 기능 이상으로 인해 생긴 것으로, 사실상 치료 약이 없었다. 당연히 예방도 불가능하다. 따라서 이런 병이 있는 사람은 일생을 고통받으며 살아가야 했다. 가능한 수단이라곤 증세를 통제하는 대증 요법을 적절하게 시행하는 것뿐이었다.

'면역 반응' 관리하는 B세포와 T세포의 비밀

2025년 노벨 생리의학상 수상의 중요 포인트가 바로 이 '면역 질환' 부분이다. 많은 사람이 면역 질환 없이 건강하게 살아가는데, 어떤 사람에게는 왜 면역 질환이 일어날까. 이는 불필요한 경우엔 면역 반응이 일어나지 않도록 만드는 어떤 기능이 있다는 의미이다. 만약 이런 기능을 자유자재로 조절할 수만 있다면, 우리가 치료하고 싶은 병은 면역 기능을 통해 척척 퇴치하고, 만약 면역 질환으로 고통받는 경우에는 그 기능을 꺼 버리면 되지 않을까?

이 기능을 이해하기 위해선 다시 '면역 세포'의 기능을 이해해야 한다. 우선 면역 체계가 어떤 절차를 거쳐 공격할 대상을 결정하는지 알아보자. 항원-항체 반응에 관여하는 면역 세포는 크게 두 종류다. B세포(B 림프구 세포)와 T세포(T림프구 세포)이다.

B세포는 단순하게 설명해 '항체를 생산하는 공장'이라고 할 수 있다. 그리고 T세포는 면역 기능 제어 세포이다. 우리 몸에 병원체가 들어오면, B세포가 항체를 만들어 내보내고, 그 항체가 T세포의 지시를 받아 병원체를 공격하는 형태다. 즉 T세포는 인체 면역 기능의 핵심이다. 노벨 생리의학상 수상 주제가 '면역 체계'인 것은 이번이 처음이 아니다. 이미 1996년, 2018년에도 노벨상이 면역 분야에 수여됐다. 모두 면역 체계의 핵심 축인 T세

포와 관련된 연구 성과다.

그렇다면 T세포의 '명령 체계'는 어떻게 되어 있을까. T세포는 그 종류가 여러 가지이다. '도움 T세포'와 '세포 독성 T세포', '기억 T세포', '조절 T세포' 등이다. 도움 T세포는 우리 몸에 들어온 항원을 인식하고, 거기에 대응하는 항체를 만드는 데 도움을 준다. 이렇게 이야기하면 보조적인 역할을 하는 것 같지만, 가장 먼저 항원을 인식해 항체 반응 시스템을 끌어내는 것이므로, 마치 전체 시스템이 움직이도록 하는 '센서' 같은 일을 한다고도 볼 수 있다. 도움 T세포가 제대로 기능하지 못하면 면역 기능 자체가 약해진다. 예를 들어 '후천성면역결핍증', 일명 에이즈(AIDS)는 'HIV'라는 바이러스가 도움 T세포를 공격하기 때문에 생겨난다.

'세포 독성 T세포'의 경우는 감염된 세포나, 유전자 변이 등을 일으킨 세포를 제거하는 일을 한다. 비슷한 역할을 하는 세포로 자연살해세포(NK세포)가 있는데, 감염 세포의 형태를 기억하기 때문에 세포 독성 T세포가 훨씬 더 강력한 힘을 발휘한다. 이밖에 기억 T세포는 도움 T세포나 세포 독성 T세포 중 일부가 침입했던 병원체에 대한 정보를 기억한 채 동면에 들어간 경우다. 다음에 같은 병원체가 들어오면 재빨리 깨어나 가진 정보를 퍼뜨려 T세포가 더욱 빠른 속도와 강력한 힘으로 공격할 수 있게 돕는다.

이밖에 조절 T세포라는 것도 있는데 2025년 노벨 생리의학상은 이 조절 T세포와 직접적으로 관련이 있다. 즉 도움 T세포가 잘못된 정보를 바탕으로 우리 몸속 조직을 표적으로 지정하는 것을 막아 주고, 그밖에 다른 T세포가 과다하게 반응해 주위의 정상적인 세포를 공격하는 명령을 내리지 못하도록 막는 역할을 한다. 즉 조절 T세포는 면역 질환을 통제하는, 우리 몸속 T세포들의 '헌병'과 같은 임무를 맡은 셈이다.

T세포는 뼛속(골수)에서 만들어진 후, 가슴에 있는 흉선(Thymus, 가슴샘)이라는 기관으로 이동해 성숙한다. 본래 T세포라는 이름도 'Thymus'의 T를 따서 지어졌다. T세포는 흉선 속에서 '면역 관용'이라는 과정을 거친다. 몸 중심에서 이뤄지기 때문에 '중심 면역 관용(중심 관용)'이라고 부른다. 이는 우리 몸속 정상 세포를 공격하지 않는 '정상 T세포'만을 골라내는 과정이다. 이 과정을 통

과하지 못하는 T세포는 세포자멸(아포토시스)을 통해 제거된다. 즉 모든 T세포는 기본적으로 자가면역 반응을 일으키지 않도록 만들어지며, 검사를 통해 기준에 맞는 세포만 활약하게 된다. 다만 중심 관용 과정이 오작동하거나, 불완전할 경우 면역 질환으로 이어질 수 있다.

이때 나서는 것이 조절 T세포이다. 항원과 싸우는 최전선에서 항체가 정상 세포를 공격하는지를 감시하고, 제어한다. 우리 몸의 끝단에서 면역을 제어하는 것이다. 그래서 이 개념을 '말초 면역 관용(말초 관용)'이라고 부른다. 중심 관용이 제 역할을 못 해도, 조절 T세포 작용으로 더 큰 문제가 발생하지 않도록 막아 주는 또 하나의 면역 관용인 셈이다.

조절 T세포의 기능을 알아냈다는 것은, 우리는 우리 몸속 면역 시스템이 어떻게 섬세하게 유지·조절되는지 그 비밀을 한 가지 더 밝혀냈다는 뜻이다. 만약 우리 인간이 약물 등으로, 혹은 유전자 편집 등의 방법으로 조절 T세포의 기능을 조절할 수 있게 된다면 자가 면역 질환도 극복할 수 있게 된다. 더 나아가 면역 기능을 이용해 여러 가지 질병을 치료할 수 있게 될 것이다. 예를 들어, 조절 T세포를 통해, 항체가 암세포 이외의 다른 세포는 공격하지 않도록 막는 기능을 한층 더 강화할 수 있고, 암세포를 공격하도록 지시하게 만들 수 있다. 즉 기존 항암 치료의 부작용을 크게 줄이거나, 새로운 항암제를 개발할 여지가 생긴 것이다. 조절 T세포 관련 연구를 '암 극복'과 연관 지어 생각하는 사람이 많은 것은 이 때문이다.

조절 T세포가 갖는 의미

이번 2025년 노벨 생리의학상 수상자들의 핵심 업적은, 결국 말초 관용의 존재를 처음으로 밝혀냈다는 데 있다.

시작은 사카구치 시몬 박사였다. 그는 1995년 조절 T세포를 처음으로 발견한 공로를 인정받았다. 사카구치 박사는 연구 과정에서 실험용 쥐의 흉선을 절제해 버렸다. 이렇게 하면 면역 관용 작용이 일어날 수 없으므로 당연히 이 쥐는 자가 면역 질환에 걸릴 것이다. 그런데 사카구치 박사는 다른 쥐로부터 배양한 T세포를 주입했다. 그 결과 자가 면역 질환이 발병하지 않았다. 즉 중심 관용 외에 다른 면역 시스템이 있으며, 그것이 '조절 T세포'의 존재 때문일 것이라는 개념을 처음으로 제시했다.

브런코와 람스델 박사는 자가 면역 질환을 극심하게 겪고 있는 실험용 생쥐에서 'Foxp3'라는 유전자 돌연변이를 찾아냈다. 그리고 인간도 같은 유전자에 문제가 있을 때 자가 면역 질환이 생겨날 수 있다는 사실을 밝혀냈다. 이 유전자에 문제가 있는 인간에게는 'IPEX 증후군'이라는 자가 면역 질환이 생겨났는데, IPEX 증후군에 걸리면 면역 조절 기능에 이상이 생겨 난치성 설사, 제1형 당뇨병, 습진 등 다양한 증상이 나타난다.

이 연구 결과를 전해 들은 사카구치 박사는 다시금 그 후속 연구를 시작, 2003년에 Foxp3 유전자를 이용해, '조절 T세포 발달'을 조절하는 데 성공했다. 자신이 발견한 조절 T세포의 분화와 기능을 통제하는 핵심 인자가 'Foxp3' 유전자라는 사실을 알아낸 것이다.

결국 스웨덴 왕립 카롤린스카연구소 노벨 위원회는 세 수상자 모두에게 노벨 생리의학상을 수여했다. 면역계가 제어되고 억제되는 원리를 발견한 공로를 높게 인정한 것이다. 노벨 위원회 측은 수상자 발표에서 "암이나 자가 면역 질환 등에서 새로운 치료법을 개발할 가능성을 열었다"고 했다.

세 사람의 2025년 노벨 생리의학상 수상자 덕분에 말초 관용 기능이 밝혀진 이후, 지금까지 조절 T세포의 기능에 대한 다양한 연구가 이어지고 있다. 조절 T세포는 면역 억제 신호를 전달한다. 우선 '효과기 T세포'와 염증 세포의 활성화를 줄인다. 세포 독성 T세포가 효과기 T세포의 일종이다. 즉 실제로 병원체나 감염 세포를 공격하거나 다른 면역 세포를 조정하는 역할을 하는 T세포다. 즉 실제로 일을 하는 세포다. 다만 그 반응이 지나치면 정상 조직까지 공격하는 위험이 생길 수 있으므로, 조절 T세포가 나서서 과도한 활성화를 억제하는 것이다. 조절 T세포는 이런 T세포의 증식을 제한하는 역할을 한다는 것도 알려졌다. 또 이런 모든 과정에서 다른 세포에 직접 접촉해 억제 기능을 행사한다.

신개념 항암제 개발을 기대하다

인체의 항원-항체 반응을 이용한 기술 중 대표적인 것이 '백신'이다. 항원-항체 반응을 인위적으로 일으켜 후천 면역을 얻도록 만들고, 이를 통해 추후 걸릴지 모를 병을 예방하는 것이다. 그런데 관련 기술이 점점 높아지면서 최근 '면역 치료' 기법이 크게 주목받고 있다. 항원을 임의로 지정할 수만 있다면, 어떤 질병이든 우리 몸속 면역 기능이 스스로 치료하도록 만들 수 있으니 부작용도 적고 치료 효과도 확실하다. 과거에는 '예방'에 주로 쓰였던 기술이 이제는 치료에도 쓰이는 것이다.

지금까지 면역 반응을 이용해 질병 치료를 시도한 사례로 어떤 것이 있을까. 대표적인 것이 '면역 항암제'다. 항암제는 흔히 3세대로 나뉜다. '1세대 항암제'는 '화학 항암제'라고도 불린다. 정상 세포도 같이 손상을 주기 때문에 부작용이 극심하다. 암세포가 빠르게 증식하는 점에 착안해 분열이 빠른 세포를 공격하도록 만드는 경우가 많은데, 모근, 생식세포, 소화기 등이 적잖은 공격을 받기 때문에 탈모, 구토, 식욕 저하, 피로감, 극심한 체력 저하 등의 부작용을 피하기 어렵다. 2세대 항암제는 흔히 '표적 항암제'라고 불린다. 암세포에만 많이 나타나는 특정 단백질이나 유전자 변화를 표적으로 삼아 공격하는 약물이다. 암의 성장과 발생에 관여하는 신호를 차단하기 때문에 암세포만 골라서 죽일 수 있다. 부작용이 상대적으로 적고 효과도 높은 편이지만, 치료할 수 있는 암 종류가 많지 않고, 암세포의 단백질 구조나 유전자에 변이가 일어나면 더는 효과를 기대하기 어렵게 된다. 이른바 '내성'이 생긴다는 뜻이다.

3세대 항암제를 '면역 항암제'라고 하는데, 인간이 가진 면역 기능을 이용해 암을 공격하도록 만든 것이다. 말초 관용을 이용하진 않지만, 대부분 T세포와 관련이 있다. 인체 면역 기능의 핵심이기 때문이다. 대표적인 것이 PD-1 억제제다. PD-1이라는 'T세포'의 표면 단백질을 억제한다. 암세포는 자신이 가진 일부 단백질(PD-L1, PD-L2 등)을 이용해 T세포 표면의 PD-1에 반응시켜 우리 몸의 면역 체계를 피하는데, 이 사실을 알아낸 연구자들이 이를 회피하는 치료제를 개발한 것이다. 2015년 지미 카터 미국 전 대통령이 이 원리를 채용한 신형 항암제 '키트루다'로 치료받아 전이성 뇌종양 완치 판정을 받아 유명해졌다. 역으로 암세포에 있는 PD-L1 단백질을 억제하는 약인 '임핀지'도 개발됐다.

이런 3세대 항암제 중에서 주목받는 기술은 'CAR-T 세포' 계열이다. 글로벌 제약사 노바티스가 2017년 개발한 항암제 '킴리아'가 대표적이다. 암세포를 인지하는 유전자(CAR)를 발현시켜 인위적으로 만든 T세포를 CAR-T 세포라고 하는데, 이것을 배양해 환자 몸에 다시 투입해 암세포를 집중적으로 공격하도록 하는 원리다. 암세포를 항원으로 인식시켜 면역 기능을 이용해 몰아내는 식이다. 이 치료제는 말기 혈액암 환자들의 마지막 희망으로 여겨지고 있으나 주사 한 대에 수억 원에 달한다. 치료비 때문에 건강보험 적용이 반드시 필요하다는 의견이 높아 2022년 4월부터 건강보험 혜택을 받게 됐다. 국내에서도 적절한 가격에 치료가 가능해진 것이다. 킴리아와 비슷한 기능을 하는 약으로는 '예스카타' 등이 있다.

물론 아직 적잖은 비용이 든다. 현재는 막대한 가격 때문에 환자가 아닌 사람이 이런 면역 치료 기법을 이용하긴 무리가 있지만, 앞으로 치료할 수 있는 병이 많아지고 대량 생산이 가능해진다면, 다양한 질병의 치료 백신이 등장할 것으로 기대되고 있다.

물론 이런 흐름은 2025년 노벨 생리의학상 수상의 주제인 '말초 관용'과는 직접적 관련이 없다. 이야기하고 싶은 것은, 현대 의학의 흐름을 볼 때 면역 치료제 시장은 큰 가능성을 안고 있으며, 말초 관용 원리는 그 대부분의 분야에 접목할 수 있다는 점이다.

극단적으로 말초 관용 원리를 접목해 기존 3세대 면역 항암제의 성능을 개선하는 것도 가능하다. 1~2세대 항암제에 비할 정도는 아니지만 면역 항암제 역시 독성과 부작용이 보고되고 있다. 인간의 면역 반응을 이용하기 때문에 면역 세포가 암세포 이외의 세포를 공격할 경우 다양한 이상 반응이 생길 수도 있다. 피부 및 위장관계, 내분비계, 간 등에서 부작용이 보고되고 있다. 2세대 항암제보다는 적지만 내성도 나타나고 있어 이 역시 해결해야 할 숙제로 꼽힌다. 따라서 '말초 관용'을 적극 응용해 암세포 이외의 주위 세포를 보호하는 기능을 한층 강하게 만들면, 부작용을 줄이면서 효능도 한층 더 높일 수도 있을 것이다. 만약 이런 기술이 보편화된다면 3.5세대 항암제 정도로 구분해야 할지 생각해 본다. 또한 기존 방식에서 벗어나 말초 관용 원리 하나만을 응용해 항암제를 개발하는 것도 가능하므로 실로 다양한 선택지가 있다.

면역 치료 기법의 새로운 기준

말초 관용 원리가 암 치료에만 쓰이는 것은 아니다. 다양한 분야에도 응용이 가능하며, 이미 그 가능성을 보고 다양한 연구가 진행 중이다. 예를 들어 일부 자가 면역 질환은 조절 T세포의 수가 부족해서 일어난다. 개체수가 부족해 말초 관용 기능을 충분히 행사하지 못하는 것이다. 따라서 조절 T세포를 인공 배양해 그 수를 늘린 다음 다시 환자에게 주입해 면역 제어 기능을 회복할 수 있을 것이다. 이런 시도를 통해 크론병(소장, 대장 등 소화관의 점막에 만성적인 염증이 일어나는 자가 면역 질환) 등을 치료하려는 연구가 진행되고 있다.

또 다른 사례로 다른 사람의 장기를 이식받으면 일어나는 '면역거부반응'을 통제하려는 시도가 있다. 지금까지는 이런 문제를 막기 위해 평생 '면역 억제제'를 먹어야 했다. 면역을 강제로 억제하면 다양한 질병에 그대로 노출되므로 결코 바람직하지 못한 방법이다. 이에 조절 T세포를 활용해 면역 억제제 함량을 줄이는 임상 연구가 다수 진행 중이다.

조절 T세포의 기능, 즉 말초 관용 원리가 처음 밝혀진 1990년대 후반에는 전반적인 생명과학 기술의 수준이 지금보다 현저하게 떨어졌다. 당시에도 조절 T세포를 활용하면 자가 면역 질환 치료가 가능할 거라고 생각하는 사람은 많았다. 그러나 그 당시엔 유전자 치료나 세포 치료 기법이 충분히 발전하지 않아 실제로 적용하기가 어려웠다. 그러나 이제는 다양한 유전자 편집 기술 등이 발전해 약품 개발로 이어질 가능성이 점차 커지고 있다.

흔히 노벨 과학상은 응용 가능성이 낮은 순수한 기초 과학에 준다고 생각하는 경향이 있다. 하지만 실제로는 '세상을 크게 바꿀 응용도 높은 기술'에도 높은 평가를 주는 경우가 많다. 말초 관용 원리는 앞으로 우리가 극복하지 못했던 다양한 질병 치료에 두루 쓰일 것으로 예상된다. 안정성이 확보된 조절 T세포 활용 기술이 실용화되면, 이른바 '면역 치료' 분야의 새로운 패러다임으로 자리 잡을 것으로 보인다. 그만큼 우리는 더 건강한 삶을 살 기회를 얻게 될 것이다.

노벨상 수상 소식을 몰랐던 과학자

2025년 노벨 생리의학상 공동 수상자 3인의 이야기

사카구치 시몬, 프레드 램즈델, 메리 브런코

2025년 노벨 생리의학상은 3명의 과학자가 공동으로 수상했다. 일본의 사카구치 시몬 박사(Sakaguchi Shimon, 1951년생, 오사카대 석좌교수), 미국의 프레드 램즈델 박사(Frederick Jay Ramsdell, 약칭 Fred Ramsdell, 1960년생, 소노마바이오테라퓨틱스 과학고문), 미국의 메리 브런코 박사(Mary E. Brunkow, 1961년생, 시애틀시스템생물학연구소 선임프로그램매니저)가 그 주인공이다. 이 세 수상자는 메달, 증서와 함께 상금 1,100만 스웨덴 크로나(약 16억 5,500만 원)를 3분의 1씩 나눠 갖게 된다.

사카구치 박사의 연구팀, 그리고 램즈델-브런코 박

사 공동 연구팀은 서로의 연구 결과를 참고해 한층 더 새로운 연구를 해 나가는 이른바 '핑퐁 연구'를 통해 연구 성과를 개선, 발전시켰다. 노벨 위원회는 이런 점을 감안해 세 사람을 모두 수상자로 발표했다.

처음 '말초 관용'의 가능성을 발견한 것은 일본의 사카구치 박사였다. 그는 1995년 조절 T세포의 존재 가능성을 처음으로 발견했다. 이후 램즈델-브런코 박사 공동 연구팀이 조절 T세포에 관여하는 유전자(Foxp3)를 찾아내 발표했다. 그러자 사카구치 박사는 다시금 연구에 매진해 해당 유전자를 이용해 '조절 T세포 발달'을 인위적으로 조정하는 데 성공했다.

말초 관용 분야는 막대한 의학적 응용이 가능한 만큼, 설령 노벨상을 받지 않았다 해도 이미 많은 주목을 받았다. 사카구치 시몬 박사는 2017년에도 램즈델 박사와 함께 스웨덴에 또 다른 과학상인 '크라포르드상(The Crafoord Prize)'을 수상한 바 있다. 노벨상을 제외하면 더 비견할 것이 없을 정도로 권위 있는 과학 분야 상이다. 당시 상을 받은 연구 주제 역시 조절 T세포와 관련이 있으며, 관절염 치료에 특화된 연구 성과다.

이 당시 두 사람과 공동으로 크라포르드상을 받은 사람이 한 명 더 있었는데, 메리 브런코 박사가 아니라 '알렉산더 루덴스키 박사(Alexander Rudensky, 1956년 8월 21일생)'였다. 그 역시 특정 유전자(Foxp3)가 조절 T세포 발달을 프로그램한다는 것을 밝혀낸 바 있다. 그는 조절 T세포의 메커니즘과, 자가 면역, 종양 면역 및 감염 면역 과정에서 어떤 일을 하는지를 지금까지도 끊임없이 연구 중이다. 노벨상 공동 수상자는 최대 3인까지 가능하다. 만약 노벨 위원회가 이번 2025년 노벨상 수상자로 램즈델 박사와 공동으로 연구한 브런코 박사가 아니라 루덴스키 박사를 선정했다고 해도 그리 이상한 일은 아닐 것이다.

의사로서 일생 '면역학' 연구: 사카구치 시몬

사카구치 시몬 박사는 일본의 의사이자 의학자다. 그의 이름을 한자로 쓰면 '坂口 志文'으로, 시몬이라는 이름은 서양 철학에 관심이 깊었던 아버지가 지어 주었다고 한다. 성경에 나오는 베드로(시몬)에서 발음을 따와 한자로 바꾼 것이다. 1951년생 시가현 나가하마시에서 삼 형제 중 차남으로 태어났다. 고등학교를 졸업하고 교토 의과대학교에 진학, 졸업 후 의사가 됐다. 환자 치료보다는 연구자의 길에 도전해 1995년 도쿄도 노인종합연구소 면역병리 부문 부문장이 됐는데, 말초 관용의 가능성을 연 연구를 진행해 처음으로 발표한 것이 이 시기다. 이후 1999년 교토대학교 재생의과학연구소 생체 기능 조절학 분야 교수를 거쳐, 2007년에는 연구소 소장을 역임했다. 2010년 국립대학교 부치 연구소·센터장 회의 회장으로 임명됐으며, 2010년부터는 오사카대학교 면역학 프런티어 연구센터 교수를 지냈다. 2016년부터는 오사카대학교 명예교수, 교토대학교 명예교수로 있다.

그의 부인도 의사이자 연구가이다. 3살 연하로 사카구치 박사가 아이치현 암센터 연구소에 잠시 있었을 때 같은 연구실에서 만났다고 한다. 결혼 후 미국에서 공동 저자로 논문을 올린 적도 있으며, 서로의 실험을 돕기도 하는 등 함께 연구하는 사이라고 한다.

사카구치 박사는 사업가이기도 하다. 자신의 연구 성과를 세상에 내놓기 위해서다. 2016년, 조절 T세포를 치료에 적용하기 위해 벤처기업 '렉셀(RegCell)'을 설립했다. 이 회사는 꾸준히 성장하고 있다. 2017년 5월 일본 과학 기술진흥기구(JST)과 민간기업(후지필름 등)에서 6억 2,000만 엔의 자금을 조달했다. 이후 2022년 도쿄대학교 산하 '엣지캐피탈파트너스'와 오사카대학교 산하 벤처캐피탈에서 5억 5,000만 엔의 자금을 추가로 조달했다. 2024년에는 교토대학교 산하 '이노베이션 캐피탈'에서 다시금 1억 5,000만 엔의 자금을 조달하는 등 각계의 투자를 얻어 실용화 연구 진행과 사업화를 위해 노력하고 있다.

수상 사실 모른 채 여행 계속해 화제: 프레드 램즈델

프레드 램즈델 박사는 미국의 면역학자다. 캘리포니아대학교 샌디에이고에서 생물학 공부를 시작해 캘리포니아대학교 로스앤젤레스에서 면역학 박사 학위를 취득했다. 이후 미국 국립보건원에서 근무했으며, 이후 시애틀 지역의 여러 생명공학 회사를 거치며 지금까지 관련 분야 연구를 하고 있다. 2016년 초부터 샌프란시스코의 파커

암 면역 치료 연구소 연구 책임자로 일하고 있다.

노벨 위원회는 수상자가 결정되기 직전까지 당사자에게도 그 사실을 전하지 않는다. 당사자는 보통 발표 직전 전화를 받는다고 한다. 그 때문에 종종 해프닝이 일어나기도 한다. 수상 당사자와 전화 통화가 되지 않아 '당사자도 모른 채' 발표가 이뤄지는 것이다. 보통 10월 첫째 주 발표가 이뤄지며, 한 달 후인 11월 초순에 실제 시상식이 열린다.

프레드 램즈델 박사도 사전에 노벨 위원회와 연락이 되질 않았다. 처음엔 대수롭지 않게 생각했는데, 20시간, 즉 1박 2일이 지나서야 겨우 연락이 닿아 '가장 늦게 연락이 된 수상자'가 됐다. 보통 노벨상 수상자 발표는 세계적인 이벤트이므로, 당장은 연락이 안 됐다고 해도 주위 사람들이 먼저 알고 연락을 해 주기 마련이다. 그러나 램즈델 박사는 공교롭게도 그 시간에 휴대전화를 '비행기 모드'로 설정하고 로키산맥을 여행 중이었던 것으로 밝혀졌다.

안절부절못했던 건 오히려 주위 사람이었다. 그가 연락이 되지 않자, 그의 소속 기관인 미국 소재 소노마

바이오테라퓨틱스 측이 "램즈델 박사는 전기, 통신이 연결되지 않은 곳으로 캠핑을 떠나 최고의 휴가를 즐기고 있다"고 언론에 발표했다. 이에 미국 여러 매체도 이 사실을 인용해 "램즈델 박사는 지난달부터 자신의 아내와 로키산맥 일대인 아이다호주, 와이오밍주, 몬태나주에서 캠핑과 하이킹을 하고 있으며, 평소에도 휴가 기간에는 휴대전화를 꺼 놓거나 비행기 모드로 설정해 놓고 외부 연락을 받지 않는다"고 전했다.

전화기를 먼저 켠 사람은 부인이었다. 램즈델은 미국 시각으로 10월 6일 오후 옐로스톤 국립공원 근처에 있는 몬태나주의 한 캠핑장에 들러 캠핑용 차량을 멈춰 세웠는데, 그곳에서 전파가 연결되자 아내 휴대전화로 주위 사람들이 보낸 문자 메시지가 쏟아져 들어왔다. 문자를 본 아내는 "당신이 노벨상을 받았다"며 소리쳤는데, 램즈델은 그 이야기를 듣고도 "아닐 텐데." 하고 시큰둥하게 답했다고 한다. 그러자 그의 아내는 "문자가 200개나 와 있다"라고 말했고 곧 사실이라는 점을 믿게 됐다. 결국 램즈델은 사실 확인을 위해 노벨 위원회 측에 전화를 걸었으나, 이번엔 스웨덴이 한밤중이라 전화가 되지 않았다. 결국 노벨 위원회 사무총장 '토마스 페를만'과 연락이 닿은 것은 한참이 더 지나서였다. 페를만 사무총장이 통화를 처음 시도했던 때로부터 20시간이 지난 뒤였다.

"전화요? 저도 안 받았는데요.": 메리 브런코

메리 브런코 박사는 시애틀에 있는 시스템 생물학 연구소(ISB)의 후드 연구실에서 수석 프로그램 관리자로 일하고 있다. 그는 미국 오리건주 포틀랜드에서 태어나고 자랐다. 세인트 메리 아카데미를 거쳐 워싱턴대학교에서 세포 및 분자생물학 학사 학위를, 프린스턴대학교에서 분자생물학 석사 및 박사 학위를 취득했다. 이후 토론토에 있는 새뮤얼 루넨펠트 연구소에서 박사후연구원(포스트닥터, 일명 포닥)으로 일했다.

이후 그는 줄곧 기업 연구 기관에서 일했다. 워싱턴주 보셀에 있는 유전자 발견 생명공학 스타트업인 '다윈 몰레큘러 코퍼레이션(Darwin Molecular Corporation)'에 합류했으며, 노벨상 수상으로 이어진 연구 결과도 이 당시

나왔다.

과학자이지만 여러 가지 업무도 병행했다. 2003년부터 2005년까지 컨설팅과 계약 연구 업무를 병행했으며, 기술 및 과학 글쓰기 자격증을 취득하기도 했다. 2006년에는 한 연구실 소속 과학 작가로 입사해 복잡한 시스템 생물학 연구 결과를 더 많은 사람에게 알리는 일을 했다. 이후 2009년 ISB로 돌아와 유전학 프로그램 관리자로 현재까지 일하고 있다.

그는 "노벨상 수상으로 이어진 연구를 진행하던 당시 관련 연구팀에서 많은 일을 했지만, 현재는 그와 관련이 적은 분야에서 일하고 있다."라고 했다. 노벨 위원회와의 인터뷰에서도 "그 연구를 할 당시 정말 놀라운 팀워크였다."라고 회고했다.

수상 과정에서 브런코 박사도 에피소드가 있는데, 램스델 박사와 노벨 위원회 전화를 받지 않아, 두 공동 수상자가 동시에 노벨 위원회 속을 썩였다. 페를만 사무총장은 이날 램즈델 박사와 연락이 되지 않자, 함께 상을 받는 브런코 박사에게 우선 전화 연결을 시도했으나 그마저 전화를 받지 않아 음성 메시지를 남겼다. 당시 브런코는 "스웨덴에서 한밤중에 나에게 전화가 올 리가 없다고 생각해 스팸 전화라고 생각했고, 무시하고 잠을 잤다"고 밝히기도 했다. 그나마 그는 다음 날 아침 바로 수상 사실을 알고 노벨 위원회와 연락했다.

노벨상 수상 발표가 이뤄지는 시간에 미국은 한밤중이므로 이런 일은 의외로 자주 일어난다. 2008년 노벨 화학상을 받은 미국 컬럼비아대학교 '마틴 챌피' 박사는 "자는 동안 전화벨 소리를 듣긴 했는데, 이웃집 전화인 줄 알았다"고 답한 바 있다.

면역 치료 기술의 발전, 어떻게 활용해야 할까

노벨상은 나와 관련 없는 일이라고 생각하는 경우가 적지 않다. 내용을 이해하기 어렵다거나, 자신이 하는 일이 과학 기술과 큰 관련이 없다고 생각하기 때문이다.

하지만 세상은 하나로 연결되어 있고, 노벨상을 받을 정도로 중대한 과학 기술적 연구 결과는 사회 발전에 지대한 영향을 미친다. 그 해의 노벨상 수상 내용을 이해하고, 그 지식의 활용 방안을 고민해 보는 것은 실제로 우리 일상생활에서도 큰 가치가 있다고 여겨진다.

2025년 올해의 노벨 생리의학상 수상 연구 주제 역시 마찬가지이다. 앞서 이야기한 대로 이번 노벨상 수상은 첨단 의학의 한 줄기인 면역 치료제를 실용화할 수 있는 중요한 원리를 발견한 사람에게 돌아갔다. 이는 1990년대에 첫 연구가 이뤄진 '말초 면역 관용'에 뿌리를 두고 있다. 이후 2000년대까지 연구가 이어졌으며, 그 후속 연구가 세계 각계에서 여전히 진행 중이다. 세계 의학 기술을 혁신할 기술적 흐름이 생겨난 것이다.

우선 경제생활을 하는 일반인이라면, 기술 방향을 십분 이해하고 변화하는 사회 모습에 적극적으로 부응하기 위해 노력할 필요가 있다. 말초 면역 관련 기술은 그 과학적 원리가 분자 규모에서 규명되어 있으므로 비교적 단시일 내에 상용화가 이뤄질 것으로 여겨진다.

의학 및 생명과학 분야 종사자라면, 다른 직군 종사자와 비교해 상대적으로 이번 노벨상 수상 내용의 의미를 손쉽게 파악할 것으로 여겨진다. 이런 우위를 충분히 살릴 필요가 있다. 향후 세포·유전자 치료제(CGT) 산업의 폭발적인 성장이 예상되는 만큼 세부적인 변화에 자체적으로 주의를 기울여야 한다. 미국 식품의약국(FDA)이나 세계보건기구(WHO) 등의 CGT 규제 변화를 눈여겨보고, 해당 동향을 지속적으로 파악해 이를 제품 개발 및 상업화 전략에 적극적으로 반영할 필요가 있다.

말초 관용 기술의 파급 효과는 바이오산업을 넘어 금융, IT, 법률 등 다양한 분야로 확산될 것으로 여겨진다. 따라서 사회 각 분야 종사자도 해당 기술에 대한 기본적인 이해를 갖고, 이를 활용하기 위해 노력할 필요가 있다. 예를 들어 '금융·보험업계'의 우선적 변화가 예상된다. 말초 관용 기술이라고 해도 신약 출시 초창기에는 많게는 수천만에서 수억 원에 달하는 일회성 치료 비용이 제시될 것이다. 따라서 이에 대응하기 위해 치료 성과에 따라 지급하는 '성과 기반 지불', 치료비를 장기간 분할해서 내는 '분할 납부 모델', 여러 보험사가 위험을 분담하는 '위험 분산 풀' 등 혁신적인 금융·보험 상품 개발이 활발해질 것을 예상할 수 있다. 빅데이터와 AI를 활용해 리스크를 정밀하게 평가하고 맞춤형 보험 상품을 설계하는 인슈어테크(Insurtech) 전문가의 수요 증가도 예상해 볼 수 있다.

이 밖에도 IT, 디지털 헬스케어 업계 또한 의외로 직접적 연관이 있다. 복잡한 면역 치료를 받는 환자들을 위한 의료용 진단 장비나 원격 모니터링 및 관리 솔루션

시장이 영향받을 수 있기 때문이다. 또 법률·컨설팅 업계도 해당 기술 체계를 눈여겨볼 필요가 있는데, 첨단 기술의 등장으로 바이오헬스 분야의 규제 변화가 예상되기 때문이다.

물론 이런 이야기는 어디까지나 특정 산업에 영향을 미치는 사례를 제시한 것이다. 자신이 종사하는 분야에서 해당 연구 성과와 기술 발전 동향이 어떤 영향을 미칠지를 주도적으로 가늠해 보고 대응해야 한다. 일반 소비자 또한 건강관리의 주체로서 새로운 의료 환경에 대한 이해를 가지는 것은, 그렇지 못한 사람에 비해 커다란 차이가 있기 때문이다. 기본적인 상식을 갖춰야 공신력 있는 의학 정보를 활용할 수 있고, 치료 및 건강 관리 방침도 의료진과 구체적으로 논의할 수 있다.

학생도 이런 변화에 한층 더 적극적으로 대응할 필요가 있다. 우선 의학 또는 생명 과학 분야를 공부하고 있는 대학 학부 및 석박사 과정 학생은 이번 수상과 발표를 통해 면역학의 발전에 대해 심도 있게 검토해 볼 수 있기를 바란다. 의료 및 산업 현장에서 두루 쓰일 기술이기 때문이다. 의대, 혹은 생명과학 분야 학과로 진학하려는 중고등학생은 해당 분야의 기초 지식을 충분히 준비할 필요가 있다. 학문적 흥미를 구체화하는 과정으로서도 의미가 크다. 기본적인 중고등학교 정규 수업 과정을 철저히 따르는 동시에, 자신의 진로 분야를 미리부터 검토하고 대응할 필요가 있기 때문이다. 필요하다면 해당 분야 정보를 적극적으로 취득하고, 중고교 수준에서 가능한 연구 체험, 자기주도 연구 등을 진행해 보자. 이 기록을 공식적으로 남기는 일은 이른바 생기부(학교생활기록부) 전략 면에서도 대단히 유용하다. 공학 분야 진출을 희망하는 학생에게도 바이오헬스케어 분야 연구 전략으로서 큰 가치가 있다고 여겨진다.

　이러한 전략은 굳이 의대 및 이공계 진출을 희망하지 않는 학생에게도 도움이 된다. 과학과 인문학은 결코 분리되어 있지 않다. '면역 기능을 자유자재로 설정할 수 있게 된다면, 사회 모습은 어떻게 변화할 것인가?' 등에 대한 자기주도학습 주제는 인문사회 분야 전공을 희망하는 학생에게도 대단히 의미 있는 진학 활동 연구 주제가 될 수 있다. 면역 항암제의 실제 사용 사례 등을 분석하는 탐구 보고서 작성 등도 좋은 방안이라 생각된다.

2장

2025
노벨 물리학상

존 클라크
John Clarke

미셸 드보레
Michel H. Devoret

존 마티니스
John M. Martinis

© Nobel Prize Outreach, 그림: Niklas Elmehed

현실 속에서
'유령 현상'을 재현하다

'양자역학' 상식으로 알아보는 2025년 노벨 물리학상의 의미

입자가 장벽 통과하는 '양자 터널링'을 큰 규모로 구현

과학 분야 기자나 작가에게 '가장 싫어하는 주제'를 하나 꼽으라고 하면 아마도 십중팔구는 '양자(量子)'를 이야기할 것이다. 내용이 어렵긴 하지만, 과거와 달리 요즘에는 여러 가지 실험 결과도 많아졌고, 의외로 친절하게 설명한 동영상 등도 많다. 차분히 관련 내용을 살펴보면 일반인이 절대 이해할 수 없는 주제는 아니라고 생각된다.

그런데 그 내용을 글로 풀어서 설명하라고 하면 정말로 난감해진다. 일반 상식에 어긋나는 개념이 대부분이고, 평소에 잘 쓰지도 않는 복잡한 용어도 많아 어디서부터 뭘 어떻게 설명해야 할지 중심을 잡기가 어렵다.

그렇다고 중간 설명을 빼 버리면 읽는 사람이 이해하기 어렵게 된다. 오죽하면 역사상 가장 똑똑한 사람이라 평가받는 알베르트 아인슈타인조차 처음엔 양자역학을 쉽게 받아들이지 못했다.

노벨 위원회는 이 양자 현상 관련 연구자를 2025년 노벨 물리학상 수상자로 꼽았다. 가능한 쉬운 해설을 통해 관련 정보를 살펴보도록 하자.

'양자'가 뭔지부터 알아보자

양자 컴퓨터는 차세대 첨단 과학 기술의 상징처럼 여겨지기도 한다. 양자 컴퓨터가 실용화되면 기존 컴퓨터 시스템으로 수십 년, 수백 년 걸릴 계산을 순식간에 해치울 수 있다는 등의 이야기가 대표적이다.

이런 이야기를 들으면서 미래에는 현재 사용하는 방식의 컴퓨터가 다 쓸모가 없어질 것이라고 생각할 수 있는데, 현실은 그렇지 않다. 그보다는 분야별로 특기가 다르다고 생각하는 편이 옳을 것이다. 특정 분야에서는 양자 컴퓨터가 더 빠를 수 있지만, 많은 분야에서 현재 우리가 사용하는 컴퓨터가 여전히 훨씬 높은 성능을 낼 수 있다.

아무튼 '양자'가 뭔지부터 짚고 넘어가자. 가장 흔히 보는 오류가 '양자'를 중성자나 전자 등과 같이, 원자 속에 든 특정한 입자라고 생각하는 경우다. 아마도 '양성자'와 발음이 비슷해서 혼란이 생기는 것 같다. 여기서 양자란 어떤 물질이나 입자의 이름이 아니라 '개념'의 이름이다. 양자 컴퓨터 등을 만들 때 쓰는 양자는 한자로 '量子'라고 쓰는데, 이때의 '量'은 '헤아릴 양'이다. '양이 많다'라고 할 때의 '양'과 같다. 분량, 식량 등을 한자로 적을 때도 같은 글자를 쓴다. 즉 '단일 정보가 아닌, 정보의 덩어리'라는 의미를 담아 이런 한자 이름을 붙인 것으로 생각된다. 그리고 이러한 양자 현상을 연구하는 학문 분야를 양자역학, 혹은 양자 물리학이라고 부른다.

처음 양자 개념이 나온 건 1900년으로, 독일의 과학자 막스 플랑크가 알아냈다. 양자역학은, 이전부터 우리가 사용하던 물리학, 이른바 '고전역학(고전물리학)'으로는 설명할 수 없었던, 극도로 작은 '미시' 세계의 복잡한 현상을 이해하는 열쇠다.

이해를 돕기 위해 예를 들어 보자. 어떤 상자에 1이나 2라는 숫자가 적힌 종이가 들어 있다. 그런데 이 종이는 마술 종이라서, 적힌 숫자가 1이나 2, 둘 중 어떤 것으로든 바뀔 수 있다. 따라서 우리는 상자를 열어 볼 때의 조건에 따라 1이나 2라는 숫자, 둘 중 하나만 확인하게 된다. 이런 현상이 실제로 있다면 말이 될까?

이 말도 안 될 것 같은 현상이, 현미경으로도 들여다보기 어려운 물질 속 작은 입자 사이에서는 분명히 존재한다. 즉 그 종이에는 0, 또는 1이 겹쳐서 들어 있는 셈이다. 다른 표현으로는, 빙글빙글 빠르게 돌아가는 동전에 비유하기도 한다. 돌아가고 있는 동전을 손바닥으로 덮어 버리면 우리는 앞면인지 뒷면인지 알 수 없다. 그야말로 '앞면이기도 뒷면이기도 한' 이중적 상태다. 이렇게 정보가 '중복되어' 들어 있는 상황을 '양자 중첩'이라고 부른다.

양자역학의 기묘함을 가장 유명하게 표현한 것이 '슈뢰딩거의 고양이'라는 사고실험이다. 과학자 '에르빈 슈뢰딩거'가 양자 이론이 처음 등장했을 때 '상자 속에 고양이가 들어 있는데, 그 고양이가 살았는지 죽었는지,

상자를 열어보기 전까진 정해져 있지 않다는 것이 말이 되느냐?'고 반박한 것이 과학계의 유명한 이야기가 됐다. 그만큼 양자 개념은 유명 과학자들도 받아들이기 어려운 주제였다. 물론 슈뢰딩거의 힘찬 반박과는 달리 양자 현상은 사실이며, 양자역학은 이미 물리학의 중요 개념으로 자리 잡았다.

실제로 우리 일상에서 양자 중첩을 실감하기란 현실적으로 불가능하다. 왜냐하면 눈으로 보일 정도로 큰 '거시적 물체'는 결국 주위 환경과 계속 상호작용을 해야 하는데, 이 과정에서 양자적 성질을 순식간에 잃어버리기 때문이다.

과학자들은 빛에서 이런 현상을 가장 먼저 관측했다. 빛은 입자이면서 동시에 파동이기도 한데, 사람이 관측하면 그 영향을 받아 파동성을 잃어버린다. 즉 밀폐된 환경에서 실험하면 두 개의 좁은 틈새(이중 슬릿) 사이를 지나며 서로 간섭해 물결무늬를 만드는데, 사람이 빛의 진행 방향을 눈으로 확인하거나 카메라로 촬영하려고 하면 그때는 물결무늬가 생기지 않는다. 입자이면서 파동인 두 가지 사실을 중첩해서 갖고 있다가 관측에 따라 결과가 달라진 것이다. 이는 양자 중첩 현상을 설명하는 대표적 사례다.

이 이야기를 놓고 슈뢰딩거의 고양이에 빗대서 '그럼 고양이도 파동이냐?'라는 우스갯소리가 있는데, 여기에 대해 현대 물리학자들은 '실험 조건만 완벽히 통제할 수 있다면 그럴 수 있다'고 이야기한다. 사실 고양이 정도는 아니지만, 빛으로 이중 슬릿 실험에 성공했던 과학자들은, 빛이 아니라 다른 물질을 광속으로 가속해 실험하기를 반복해 왔는데, 전자를 지나 양성자 등 한참 더 무거운 물질도 파동성을 나타냈다. 그러다 2019년에는 박테리아(즉 세포) 크기의 생체 분자를 가속해 실험했더니, 이 역시 빛과 똑같이 파동성이 나타났다.

다만 거시 세계에서는 이처럼 완벽하게 통제된 실험 조건을 맞추는 것이 현실적으로 불가능하므로, 역시 우리가 볼 수 있는 고양이는 파동이 아니라고 생각하는 것이 정확할 것이다. 이렇게 양자역학적 특성이 사라지는 것을 물리학 용어로 '결어긋남(decoherence)'이라고 하고, 그런 특성이 생겨나는 것은 반대로 '결맞음(coherence)'이라고 부른다. 즉 고양이도, 우리도, 우리 주변에서 보는 사물은 예외 없이 '결어긋남' 상태에 있기 때문에 우리는 입자, 즉 물질로 인식된다.

그렇다면 '양자 터널링'은 또 뭘까

이제 2025년 노벨 물리학상 수상 주제로 들어가 보자. 결맞음 상태에서 일어나는 현상으로 '양자 터널링'이라는 것이 있다. 입자가 마치 유령처럼 벽을 쓱 뚫고 지나가는 현상을 이야기한다. 무슨 말도 되지 않는 일이냐고 하겠지만 이 현상은 실존한다. 이미 다양한 산업 분야에 응용하고 있는 과학적 사실이다.

원리는 이렇다. 결맞음 상태에서는 입자가 '파동'의 성질을 가지게 된다는 건 이미 이야기했는데, 만약 그 입자가 다른 물질과 부딪힌다면 어떻게 될까. 양자역학을 빼고 설명한다면 입자는 부서지거나, 혹은 튕겨 나와야 정상이다. 하지만 결맞음 상태에서 그 입자는 파동성을 가지고 있으므로, 물질을 타고 전달될 수 있다. 정확한 비유는 아니지만 예를 들어 보면, 얇은 철판으로 앞이 가로막혀 있을 때, 누군가 그 철판에 큰 목소리로 소리를 지르면, 그 철판이 덩달아 진동하면서 철판 반대쪽으로 목소리를 전달해 주는 현상과 비슷하다.

양자 터널링의 정의를 한글로 적어 보면 '입자가 에너지 장벽을 통과하는 양자역학적 현상'이라고 할 수 있을 것이다. 여기서 물체가 아니라 '에너지 장벽'이라고 한 이유는, 결맞음 상태에서 어떤 물질은 '주위 환경보다 에너지가 더 큰 상태'로 간주하기 때문이다.

고전물리학에서는 물질이 어떤 장벽을 통과하려면, 그 운동 에너지가 장벽을 구성한 물질의 퍼텐셜 에너지보다 커야 한다. 퍼텐셜 에너지는 물체가 기본적으로 가지고 있으면서 물체의 형상을 구성하는 에너지이다. 예를 들어 손으로 작은 쇠구슬을 집어 던지면, 종이나 얇은 나무판 정도는 쉽게 뚫고 나갈 것이다. 하지만 벽돌담에 집어 던지면 대부분 튕겨 나온다. 물론 팔 힘이 아주 좋은 사람이 세차게 집어 던지면 얇은 벽돌담 정도는 뚫고 나갈지도 모른다. 즉 결어긋남 상태가 기본인 거시 세계에서는 운동 에너지가 퍼텐셜 에너지보다 크지 않으면 물체를 결코 뚫고 나갈 수 없다. 하지만 결맞음 상태에서는 에너지가 퍼텐셜 에너지보다 작은 물질도 장벽을 뚫고 나갈 수 있게 된다. 이 현상을 '양자 터널링'이라고 부른다.

양자 터널링 현상은 1928년 처음 발견됐다. 물리학자 조지 가모프는 양자 터널링 현상의 증거로 '원자핵의 붕괴', 즉 우라늄 등의 물질이 방사선을 방출하는 현상을 들었다. 우라늄처럼 무거운 원자핵 안에 든 입자는 강한 퍼텐셜 에너지의 장벽에 갇혀 있으므로, 고전 물리학으로는 내부의 입자가 절대 탈출할 수 없다. 하지만 내부 입자들이 결맞음 상태로 있기에 파동의 형태로 일부 입자가 원자핵 밖으로 뚫고 나오게 되고, 이에 따라 방사선을 방출한다는 설명이다.

사실 태양이 빛나는 원리도, 양자 터널링 현상으로 설명할 수 있다. 태양에서 '핵융합'이 일어나기 때문에 그처럼 밝게 빛을 낸다. 그러나 태양 중심의 온도와 압력은, 사실 고전물리학으로 계산해 볼 때, 수소 원자 두 개가 서로의 전기적 반발력을 이기고 합쳐질 만큼 충분하지 않다. 그런데도 핵융합이 일어나는 이유는, 양자 터널링으로 서로의 퍼텐셜 장벽을 통과하여 헬륨 핵을 만들기 때문이다.

영화 앤트맨 속 '고스트'가 현실에 등장할 수 있을까

미시 세계 속에서 양자 터널링 현상이 일어난다는 사실은 이미 알려져 있다. 이를 응용하는 기술도 나와 있다. 예를 들어 1973년의 노벨 물리학상 상금은, 반도체와 초전도체(전기저항이 0인 물질)에서 전자가 이동하는 현상을 발견한 '레오 에사키'와 '이바르 예베르'가 1/4씩 가져갔다. 나머지 절반은 '브라이언 조셉슨' 박사가 받았다.

브라이언 박사는 1962년 두 개의 초전도체 사이에 얇은 절연체를 끼워 넣어도 전기가 흐른다고 생각했다. 본래는 절연체를 끼워 넣었으니 전자가 이동하지 않아야, 즉 전기가 흐르지 않아야 한다. 하지만 양자 터널링 현상이 생겨 실제로는 전기가 흘러갔다. 이와 같이 초전도체 두 장 사이에 절연체를 끼워 넣는 것을 '조셉슨 접합', 그리고 이런 현상을 흔히 '조셉슨 현상'이라고 부른다. 이 생각은 실험으로도 확인됐고, 2년 후인 1964년에는 이 원리를 적용해 자기장 측정장치인 '초전도 양자 간섭 장치(SQUID)'가 개발되기도 했다. 즉 1973년의 노벨 물리학상 수상자 세 사람은 미시적 관점에서 양자 터널링 현상을 증명해 낸 공로를 인정받은 것이다.

영화 앤트맨 시리즈를 보면, '고스트'라는 등장인물이 나온다. 양자 현상을 이용해 벽을 마음대로 뚫고 다니는 인물이다. 이런 일이 현실에서 가능할까? 기존의 실험 결과는 미시적 현상에 그치는데, 이런 양자 터널링 현상이 사람이 눈으로 볼 수 있는 크기, 즉 거시적 현실에서도 가능할 수 있을까?

앞서 말했듯이 이론적으로는 '고양이도 경우에 따라선 파동'이라고 생각할 정도이니, 분명 벽을 통과하는 것도 가능할 것이라고 생각하고 실험을 진행한 사람들이 있었다. 물론 정말로 고양이를 실험에 쓴 것은 아니다. '거시적이라고 생각하기에 충분한, 넓은 면적의 전기회로에서 대량의 양자 터널링 현상을 만들어 내는 것이 목적이었다.

이 생각을 처음 한 것은, 2003년 노벨 물리학상을 받은 바 있는 물리학자 '앤서니 레깃(Anthony James Leggett)' 박사였다. 그는 1978년, '실험 조건을 완벽하게 통제할 수 있다면, 거시적 개념의 양자 터널링 현상을 만들어 낼 수 있지 않을까'라고 제안했다. 그 실험방법으로, 극저온에서 전기저항이 0이 되는 초전도 현상을 응용하면 그런 실험 환경을 만들 수 있을 거라고 여겼다. 다만 그가 당시 제시한 것은 이론적 아이디어에 그쳤다.

2025년 노벨 물리학상은 존 클라크 박사(미국 버클리 캘리포니아대학교 교수), 미셸 드보레 박사(미국 예일대학교 및 캘리포니아대학교 교수), 존 마르티니스 박사(미국 캘리포니아대학교 교수)에게 수여됐다. 이 세 사람은 레깃 이론을 실제로 증명해 낸 점을 높이 평가받았다. 즉 조건에 따라선 거시 세계에서도 양자 터널링 현상이 존재할 수 있다는 사실을 실험을 통해 증명해 낸 것이다.

이는 결코 쉽지 않은 도전이었다. 극저온에서 모든 외부 잡음을 차단하고, 시스템의 모든 특성을 정밀하게 측정해, 그 결과를 이론과 정량적으로 비교해야 했기 때문이다. 실험 장치는 놀랍도록 까다로운 조건을 충족해야 했다. 우선 외부에서 전파 등이 새어 들어오면 결맞음 상태가 깨질 수 있으므로 0.1~$12GHz$(기가헤르츠) 주파수 범위를 모두 차단하는 특수 필터로 실험 공간을 모두 감쌌다. 구리 분말을 이용해 미세 전파(마이크로파)까지 흡수하는 필터도 새롭게 개발해 추가했다. 전파 흡수 필터가 열을 흡수하며 미세하게 또 다시 전파를 방출할 수 있기 때문이다. 실험 공간 내부는 자유롭게 온도를 조절할 수 있도록 만들었다.

'인공 원자'도 만들 수 있다

시험 공간 내부에 설치한 핵심 실험 장치의 핵심도 사실 조셉슨 접합 원리를 그대로 가져온 것이다. 이 실험 장치의 의미는, 퍼텐셜 장벽을 임의로 구현했다는 데 있다. 즉 퍼텐셜 장벽의 한계를 깰 수 있을 만큼 높은 수준의 에너지를 주지 않으면, 중간의 절연체에 의해 전기가 흐르지 않아야 한다. 연구팀은 이 시스템에 흐르는 전류를 서서히 증가시키면서 언제 통과 전압, 즉 전기가 절연체를 뚫고 지나갈 때 생가는 전압이 나타나는지 측정했다. 퍼텐셜 장벽이 언제 깨지는지를 확인하면서 측정을 수천 번, 수만 번 반복해 통계적 분포를 얻었다. 이론적으로 퍼텐셜 장벽이 깨지지 않았는데도 전기가 흐른다면 이는 양자 접합이 일어난 거라고 할 수 있다.

1985년, 연구팀은 마침내 실험에 성공했다. 온도를 바꿔가며 실험을 반복했더니, 특정 온도 이하로 떨어지면 마침내 양자 터널링 현상이 일어났다. 양자 터널링이 주도권을 잡는 온도, 이른바 '교차 온도'에 도달한 것이다. 교차 온도 조건을 충족하기만 하면, 그때부터는 온도가 변화하더라도 여전히 양자 터널링 현상이 일어난다.

이렇게 만든 실험 장치에서는 눈으로 볼 수 있는 거시적인 가로세로 1㎝ 크기의 초전도 회로 위로, 수십억 개의 전자가 한꺼번에 장벽을 뚫고 지나갔다. 연구팀은 여기서 그치지 않고 그 효율을 단계별로 확인해 봤다. 실험장치 주위 특정 주파수의 마이크로파를 흡수해 제거하면 할수록, 더 높은 에너지 상태에서 양자 터널링이 가능했다. 이런 현상은 마치 계단처럼 에너지를 높일수록 단계적으로 나타났다.

이 실험의 결과를 '옛날에 했던 실험을 단순히 더 넓은 면적에서 한 것 아니냐'는 정도로 생각해선 곤란하다. 수십억 개의 전자 모두가 하나의 양자역학적 파동처럼, 즉 마치 하나의 단일한 입자처럼 움직였기 때문이다. 현실 세계에서 주위 환경을 통제해 결맞음 상태를 인위적으로 만들었다는 것으로 대단히 큰 의미가 있다. 미시 세계에서 전자 하나가 터널링 하는 것은 이미 알려진 현상이지만, 센티미터(cm) 단위의 회로 전체가 하나의 양자 입자처럼 행동한다는 것은 전례가 없는 일이다.

이 증명은 양자역학이 원리적으로 거시적 규모에서도 적용될 수 있음을 보여주었다. 일상에서는 결맞음 상태를 만드는 것이 현실적으로 불가능하지만, 원리대로라면 특정 조건에서 공이나 물건 등을 벽을 뚫고 전달하는 것도 불가능하지 않다는 증거로 여겨진다.

이 연구의 영향은 물리학의 일대 혁신으로 생각할 만하다. 실제로 대량의 정보를 한꺼번에 처리할 수 있는 고성능 양자 컴퓨터 개발 등 다양한 분야에 응용될 것으로 기대되고 있다. 또 초전도 회로의 활용은 양자 컴퓨터에 그치지 않는다.

필요하다면 '인공 원자'를 만들어 다양한 실험을 할 수 있는 단계에 도달했다. 조셉슨 접합을 응용하면 원자 내부에서 일어나는 모든 양자역학적 성질을 흉내 낼 수 있으며 진짜 원자보다 크기가 수억 배 커, 모든 상황을 거시적 크기에서 실험할 수 있다. 이는 앞으로 신소재 개발, 화학 분야에서의 응용 등 실로 다양한 분야에 적용이 가능할 것으로 여겨진다.

양자 컴퓨터를 비롯한 다양한 응용 가능성

2025년 노벨 물리학상 수상 내용은 양자 컴퓨터 등 실로 다양한 분야에 응용될 것으로 기대되고 있다. 양자 컴퓨터는 '양자 중첩'을 인위적으로 만들어 이를 최소 단위로 사용한다. 참고로 물질세계에서 이야기하는 결맞음 상태와, 양자 컴퓨터 논리 구조를 만들 때의 결맞음 상태는 다소 차이가 있다. 물질적으로는 입자냐, 파동이냐를 놓고 생각하게 되는데, 양자 컴퓨터의 논리 구조에서는 '0도 될 수 있고, 1도 될 수 있는 상태'를 이야기한다. 물론 이런 상태를 만들기 위해 물질세계에서 양자 터널링과 같은 결맞음 상태를 끌어내야 한다.

일반 컴퓨터와 비교해 보자. 여기선 0 또는 1을 표현할 수 있는 '비트'가 논리적 최소 단위인데, 양자 컴퓨터에서는 0도 될 수 있고 1도 될 수 있는 '중첩' 상태가 기본이다. 이를 '큐비트(qubit)'라고 부른다. Q는 양자의 영어 표현 퀀텀(Quantum)의 머리글자에서 따왔다.

큐비트를 구현하는 방법은 여러 가지가 개발됐는데, 다 설명하긴 어렵지만 이름 정도는 짚어 보자. 조셉슨 접합을 사용하는 '초전도 트랜스몬 큐비트' 방식, 칼

슘 또는 이터븀을 진공 조건에서 열확산 시키면서 레이저를 쏴 이온화 상태를 생성하는 '이온트랩 큐비트', '원자핵 내부 전자의 회전 현상과 에너지 현상을 이용한 '실리콘 스핀 양자점 큐비트', 다이아몬드 속에 존재하는 질소 입자와 탄소 원자의 상호작용을 이용하는 '다이아몬드-질소 공공 큐비트' 등 다양한 기법이 있다.

어떤 것이든 큐비트 내부 소재의 결맞음 시간을 최대한 길게 확보하는 것이 관건인데, 최근 마이크로파 등을 이용해 결맞음 상태를 고정하는 기술이 발견되면서 실용화를 눈앞에 두고 있다. 가장 자주 사용하는 것이 조셉슨 접합을 사용하는 '초전도 트랜스몬 큐비트' 방식이다. 즉 2025년 노벨상 수상 연구 결과는 양자 컴퓨터 실용화와 직접적으로 연관된다.

구글은 2019년 최초로 '양자 우월성(양자 컴퓨터의 성능이 특정 분야에서 기존 슈퍼컴퓨터를 넘어서는 것)'을 확보했다고 밝힌 바 있는데, 이 컴퓨터 역시 초전도 트랜스몬 큐비트 방식이다. 그 이후 6년이 더 지나면서 이제는 실용화 직전 단계에 도달했다는 주장이 적지 않다. 다만 양자 컴퓨터는 현재 우리가 사용하는 컴퓨터 구조와 근본적으로 다르며, 서로의 특기 분야가 있다.

　기존 컴퓨터에서는 연산자(트랜지스터) 한 개에 전기를 흘려보낼 때가 1, 끊기면 0과 같은 방식으로 정보를 표현한다. 트랜지스터가 두 개를 가지고 표현할 수 있는 정보는 00, 01. 10, 11의 네 가지뿐이다. 표현형을 늘리려면 트랜지스터의 숫자를 엄청나게 늘려야 한다. 그래서 대용량 데이터를 처리하기 위해 컴퓨터 크기를 점점 늘려왔다. 필요한 경우 집채만 한 슈퍼컴퓨터를 도입해 그 성능을 계속 높여 온 것이다.

　그런데 양자 컴퓨터는 0도 될 수 있고, 1도 될 수 있는 큐비트를 사용하므로, 표현할 수 있는 정보의 숫자가 '제곱'으로 늘어난다. 따라서 표현할 수 있는 정보도 기하급수적으로 늘어나게 되며, 이를 빠르게 계산할 수 있다. 좀 더 정확히 예를 들어 보면 '소인수분해'가 대표적이다. 특정한 숫자를 소인수분해 하기 위해 일일이 어떤 소수(素數, 1과 그 수 자신 이외의 자연수로는 나눌 수 없는 자연수)로 나눠질지를 다 넣어 따지는 방식을 쓴다. 그러나 분신술처럼 동시에 여러 연산을 해내는 양자 컴퓨터는 중첩적 특성으로 이런 계산 횟수를 획기적으로 줄인다.

예를 들어 택배 기사가 5곳에 배송을 가야 한다고 치자. 이 경우 5곳을 차례로 방문하는 경우의 수는 5×4×3×2×1로 120개가 될 것이다. 배송지가 10곳으로 늘어나면 360만 개, 15곳으로 늘면 1조 3000억 개로 늘어난다. 따라서 15곳에 대한 계산을 하려고 하면 경우의 수 1조 3000억 개를 검토해야 하므로, 막대한 연산 능력이 필요해지기 시작한다. 만약 방문지가 30곳으로 늘어나 버리면 계산에 필요한 시간은 슈퍼컴퓨터를 동원해도 800만 년 이상이 필요해진다. 양자 컴퓨터는 이런 어이없도록 방대한 연산을 그야말로 순식간에 해 낸다.

관건은 이 방식이 '현시대에 주목받는 분야'와 큰 관련이 있다는 것이다. 이런 특징이 인공지능(AI) 연산이나 암호해독 등 특수 분야에서 크게 유리하기 때문이다. 즉 지금까지는 양자 컴퓨터를 활용하는 것이 더 유리한 분야를, 어떻게 해서든 기존 컴퓨터로 계산해 온 것뿐이라고도 생각할 수 있다. 양자 관련 기술이 충분하지 않았기 때문이다.

AI 시대에 컴퓨터 처리 용량이 부족해 문제가 되고 있다는 이야기는 누구나 한 번쯤 들어 봤을 것이다. 이 문제를 양자 컴퓨터를 통해 해결했을 때 우리 사회가 겪을 변혁은 이루 말할 수 없이 클 것이다. 그런 변화의 시기를 한층 앞당길 단초를 제공한 학자들에게, 노벨 위원회는 2025년 노벨 물리학상을 수여했다. 당연한 판단이라고도 여겨진다.

거시적 양자 터널링을 만든 '버클리대 3인방'

2025년 노벨 물리학상 공동 수상자 3인의 이야기

존 클라크, 미셸 드보레, 존 마티니스

2025년 노벨 물리학상은 '거시 규모 조셉슨 접합의 양자 현상', 즉 거시 세계 규모에서 양자 터널링 현상이 제대로 작동한다는 사실을 실제로 증명한 과학자 세 명에게 돌아갔다. 초전도 회로 기반의 양자 컴퓨터 실용화의 기반을 마련한 공로를 인정받은 셈이다. 양자 분야 연구로 노벨상을 받은 전례는 여러 번 있었는데, 이번 수상은 특별한 의미가 있다. 2025년은 유엔이 양자역학 탄생 100주년을 기념하기 위해 지정한 '국제 양자과학·기술의 해'이기 때문이다.

스웨덴 왕립과학원 노벨 위원회는 2025년 노벨 물

리학상 수상자로 영국의 존 클라크 박사(John Clarke, 1942년생, UC버클리대학교 명예교수), 프랑스의 미셸 드보레 박사(Michel Devoret, 1953년생, 예일대학교 명예교수), 미국의 존 마티니스 박사(John Matthew Martinis, 1958년생, 캘리포니아대학교 산타바바라캠퍼스 명예교수)를 선정했다. 이번에 수상한 연구는 1985년 무렵 버클리대학교에서 이뤄졌는데, 당시 교수였던 존 클라크, 박사과정 학생인 '존 마티니스', 박사후연구원 '미셸 드보레' 3인이 40년이 지난 2025년 나란히 노벨 물리학상을 받은 것이다.

수상자들의 연구 결과는 '회로 기반 양자 컴퓨터 구현 가능성'의 단초를 제시했다는 점에서 물리학 역사의 중요한 업적으로 여겨져 왔다. 이 연구를 할 때 세 사람 모두 미국 버클리대 연구실에서 함께 연구한 동료 연구자였다는 점도 재미있다.

이들 3인의 연구 결과가 나온 이후, 약 15년 뒤인 1999년 양자 컴퓨터의 정보처리 단위인 큐비트 개념이 처음 등장했다. 2000년대 이후 대규모 투자가 일어나면서 2015년을 전후로 미국의 구글, IBM 등 거대 테크기업들이 양자 컴퓨터 사업에 뛰어드는 계기가 됐다.

초전도, 양자 연구에 일생 바친 영국인: 존 클라크

존 클라크 박사는 1942년 2월 10일 영국 케임브리지에서 태어났다. 자연스럽게 케임브리지 인근 학교에 다니며 성장했다. 사립 중고등학교 '퍼스 스쿨'을 졸업하고, 케임브리지 내 '크라이스트 칼리지'에서 자연과학 학사 학위를 받았다. 케임브리즈는 그의 고향이면서, 동시에 학문을 갈고닦은 도시인 셈이다.

대학원 과정은 당시 케임브리지의 신설 단과대학인 '케임브리지 다윈 칼리지'에서 시작했다. 다윈 칼리지에 최초의 학생 중 한 명이었고, 다윈 칼리지 초대 학생회장으로 활동하기도 했다. 물리학 박사학위는 케임브리지대학교 왕립학회 몬트 연구소에서 받았다. 박사 과정 동안 클라크 박사는 매우 민감한 전압계를 새롭게 개발했다. 이름도 복잡해 '초전도 저인덕턴스 파동형 검류계(Superconducting Low-inductance Undulatory Galvanometer, SLUG)다. 즉 이때부터 초전도 현상 연구에 많은 관심을 두고 연구해 왔다. 이후 그는 1968년 박사학위를 받았다.

그의 지도교수는 '브라이언 피파드' 였는데, 그가 배출한 졸업생 중 1973년 노벨 물리학상을 수상한 '브라이언 조셉슨'도 있었다. 이른바 '조셉슨 현상'을 처음 발견한 주인공이다. 클라크 박사는 스스로 '내가 하는 연구는 조셉슨의 영향을 많이 받았다'고 말하기도 했다.

클라크는 박사 학위를 마친 후 미국으로 건너가게 된다. 캘리포니아대학교 버클리 캠퍼스(UC버클리)에서 박사후연구원으로 근무했으며, 자연스럽게 UC버클리에 남게 됐다. 조교수(1969), 준교수(1971), 물리학 교수(1973~2010)로서 학업 경력 전체를 버클리에서 보냈다.

다만 고향인 케임브리지와의 관계도 계속 유지해 왔다. 미국과 영국을 오고가면서 연구했다고도 볼 수 있다. 1972년 '크라이스트 칼리지'의 펠로우, 1989년에는 케임브리지 '클레어 홀'의 방문 펠로우로 근무한 바 있다. 1998년에는 케임브리지 내 '처칠 칼리지'의 부연구원이기도 했다.

클라크 박사는 이번 수상 직후 대놓고 미국 현 정부를 비판해 화제가 되기도 했다. 그는 10월 7일(현지 시각) 기자회견에서 트럼프 정부의 과학 연구 예산 삭감을 '재앙'이라고 표현하며 "반년 전 수준으로 돌아가기 위해 10년은 더 걸릴 수 있다"고 강하게 비판하기도 했다.

구글서 일하는 프랑스 출신 물리학자: 미셸 드보레

미셸 드보레 박사는 1953년 프랑스 파리에서 태어났다. 파리에서 자라나 1975년 프랑스의 공학대학교 '텔레콤 파리(ENST)'에서 통신 엔지니어 학사를 받았다. 이후 '오르세대학교(현 파리-사클레대학교)'에서 양자광학으로 석사(DEA) 학위를 이어 응집 물질 물리학 박사 학위를 받았다.

이후 드보레 박사는 1982년부터 1984년에 걸쳐 버클리대에서 '박사후연구원'으로 일했다. 이 당시 이번 2025년 노벨 물리학상 수상 연구에 참여했다. 이후 프랑스로 돌아와 프랑스 대체에너지원자력 위원회(CEA) 산하 사클레(Saclay) 센터에서 양자 관련 연구를 시작했다. 이 그룹은 이후 다양한 성과를 거둔다. 양자 터널링의 이동 시간을 측정하고, 전자 펌프를 발명했으며, 퀸트로늄(quantronium)이라는 큐비트 유형을 개발하기도 했다.

이후 그는 다시 미국으로 건너와 2002년 예일대학교 교수가 된다. 이곳에서 트랜스몬(transmon)이라는 초전도 방식의 큐비트 유형을 고안했다. 현재 가장 주목받는 양자 컴퓨터 구현 방식을 만든 장본인인 셈이다.

이후 그는 2023년 구글의 스카우트 제의를 받는다.

현재는 구글 퀀텀 AI(Google Quantum AI)의 하드웨어 부문 수석과학자와 예일대학교 교수를 겸직하고 있다. 또 2024년에 캘리포니아대학교 샌타바버라 캠퍼스의 물리학 교수 역시 겸직하게 되어 새롭게 연구팀을 준비하고 있다. 이번 노벨상 수상 과정에 기여했을 뿐 아니라, 이후 양자역학과 관련해 다양한 연구를 두루 실천하며 일평생 양자 분야 발전에 기여하고 있는 셈이다.

재미있는 점은 드보레 박사도 밤에 장난 전화가 온다고 생각해 노벨 위원회의 전화를 받지 않았다고 한다. 그는 프랑스 일간지 〈르몽드(Le Monde)〉와 인터뷰를 통해 "노벨상 시즌인지도 몰랐다"며 "시차 때문에 잠에서 깼을 때 전화기와 컴퓨터가 계속 울리고 있었고, 노벨상을 받았다는 메시지를 보며 누군가 장난하는 줄 알았다"고 했다. 그러다 파리에 사는 딸이 진짜라고 확인해 줘서 비로소 수상 사실을 실감했다고 한다. 이어 그는 "최근 부쩍 바쁜 일정을 보내고 있는데, 예일대학교, 캘리포니아대학교 샌타바버라, 구글 관련 업무도 맡고 있다"고 하면서 "그래서 노벨상에 대해 생각할 여유가 없었다"고 답했다.

양자 실용화 앞장: 존 마티니스

존 마티니스 박사는 미국 이민 2세대다. 그의 아버지는 공산주의 정권을 피해 유고슬라비아에서 미국으로 이민을 온 크로아티아계 사람이었는데, 미국에서 그의 어머니를 만나 마티니스 박사를 낳았다. 1958년 태어나 캘리포니아주 샌페드로에서 성장했으며, 캘리포니아대학교 버클리(UC버클리)를 졸업했다. 이후 같은 학교에서 공부를 계속해 1987년에 물리학 박사 학위를 받았다. 그가 박사 과정 당시 지도교수가 존 클라크 박사였으며, 당시 참여했던 연구가 바로 '조셉슨 접합' 연구로, 이번 2025년 노벨 물리학상 수상 연구 주제였다. 그의 박사 연구 주제가 노벨상 수상으로 이어진 것이다. 졸업 이후에는 프랑스에서 박사후연구원으로 근무하다, 2004년에 출신 대학인 UC버클리의 교수로 임용됐다.

마티니스 박사도 구글에 연구한 경력이 있다. 그와 드보레 박사가 공동 연구한 조셉슨 접합 이론은 구글 AI 시스템의 기본이었기 때문이다. 구글 퀀텀 AI(Google Quantum AI Lab)가 2014년에 초전도 큐비트를 사용하여 양자 컴퓨터를 구축하기 위해 마티니스와 그의 연구팀을 영입했던 것이다. 이 결과 마티니스 연구팀은 2019년 세계적 과학저널 〈네이처(Nature)〉에 논문을 발표했다. 53큐비트 양자 프로세서인 사카모어(Sycamore)를 사용해 처음으로 양자 우위를 달성했다는 내용이었다. 구글에서는 2020년 4월 사임했다.

이후 마티니스는 직접 양자 기술 상용화에 뛰어들었다. 호주의 양자 분야 스타트업인 실리콘 퀀텀 컴퓨팅(Silicon Quantum Computing)에 합류하기 위해 2020년 호주로 이주했다가, 미국으로 돌아와 2022년에는 반도체 칩 기반 양자 컴퓨팅 기업인 콜랩(Qolab)을 설립했다. 직함은 최고기술책임자(CTO)이다. 공동 창업자로 최고경영자(CEO)를 맡은 건 구글 양자 컴퓨팅 프로젝트를 이끌었던 '앨런 호(Alan Ho)'이다. 현재 일본 등 세계 각국으로부터 상당한 투자를 유치하며 양자 컴퓨터 실용화를 위해 노력 중이다.

코앞으로 다가온
'양자 컴퓨팅' 시대

양자 터널링에 기반한 양자 컴퓨터는 특정 유형의 문제에서 기존 슈퍼컴퓨터를 압도하는 연산 능력을 발휘한다. 특히 차세대 산업이라 불리는 인공지능(AI) 분야, 다양한 산업에서 모델링 최적화 등의 분야에서 혁신적인 성능 향상이 기대된다. AI 모델의 학습 속도와 정확도를 비약적으로 향상시켜, 이미지 인식, 자연어 처리, 그리고 현재의 AI 기술로는 해결하기 어려운 과학적 난제들을 해결하는 단초가 될 수 있다. 무엇보다 AI 기술이 접목되지 않는 산업 분야가 거의 존재하지 않는다는 점을 생각하면, 앞으로 사회 전체의 거대한 변화를 이끌어 낼 막대한 잠재력이 있다고 여겨진다.

다만 대비가 필요한 영역도 있다. 현시대의 디지털

암호체계가 취약해 질 수 있기 때문이다. 현재 인터넷 뱅킹, 전자상거래, 데이터 암호화 등에 널리 사용되는 공개키 암호체계(RSA, ECC 등)는, 현재 존재하는 컴퓨터로는 매우 큰 숫자를 소인수분해 하기 어렵다는 수학적 난제에 기반하고 있다. 그러나 충분한 성능의 양자 컴퓨터를 이용하면 이런 소인수분해 문제를 삽시간에 풀어낼 수 있다.

정보과학 분야 종사자라면 시대의 변화에 적극 대응할 필요가 있다. 이번 노벨상 수상 이론을 비롯해 다양한 양자 분야 기본 원리와 양자내성암호(PQC)의 주요 알고리즘에 익숙해질 필요가 있으며, 표준화 동향도 주시해야 한다. 장기적으로는 본격적인 역량 강화(Up-skilling)가 필요하다. 양자 컴퓨팅의 언어인 선형대수, 복소수, 확률론 등 수학적 기초를 다시 다지고, 양자역학의 기본 원리를 깊이 있게 학습해 나갈 필요가 있다. 양자 컴퓨터가 움직이는 알고리즘을 이해해 둘 필요가 있으며, 나아가 양자 컴퓨팅에 적합한 '양자 프로그래밍 언어'도 이해해 두어야 한다.

직접적 관계가 없더라도, 양자 컴퓨팅 세상이 오면

영향을 받을 것으로 생각되는 산업계가 적지 않으므로 이 분야 종사자들은 상황을 예의 주시할 필요가 있다. 금융 및 보험업계가 대표적이다. 단기적(3년 이내)으로 해야 할 일은 '양자 위협 평가'를 즉시 시작하는 것이다. 자사가 보유한 데이터 중 장기적인 기밀 유지가 필수적인 핵심 자산(안보, 금융, R&D 데이터 등)을 구분하고, 그 다음으로 전사적인 '암호화 자산 인벤토리'를 구축해 현재 어떤 시스템에서 어떤 암호화 알고리즘을 사용했는지 파악해야 한다. 이 두 가지 분석을 통해 취약한 부분이 어디인지 명확히 할 수 있으며, 이후 PQC로의 전환 우선순위를 결정할 필요가 있다. 중장기적(3~10년 이상)으로는 PQC로의 전환을 단계적으로 실행해 나가는 한편, 신규 장비 및 시스템도 PQC 체제에 따르도록 준비해 나갈 필요가 있다.

이밖에 제조, 물류, 제약 등 기타 산업 분야에서도 양자 컴퓨팅의 물결이 큰 영향을 미칠 것으로 보인다. 공급망 최적화, 신약 개발 시뮬레이션, 신소재 설계 등 각 산업의 고질적인 난제들을 양자 컴퓨팅으로 해결할 수 있을 거라는 기대가 크다. 당장 양자 컴퓨터를 도입하지 않더라도, 클라우드 기반 서비스를 활용한 소규모 파일럿 프로젝트를 통해 기술적 이해와 경험을 쌓는 것이 중요하다고 여겨진다.

현대인이라면 양자 혁신은 피할 수 없을 것으로 보인다. '양자'라는 용어가 무분별하게 사용되는 상황은 지양할 필요가 있다. 신뢰할 수 있는 과학 매체나 공신력 있는 기관의 정보를 통해 기술의 실제 발전 단계를 분별하고, 과장된 정보를 비판적으로 수용하는 자세가 필요하다.

학생이라면 미래 사회에 어떻게 대응해야 할까. 공부를 잘하지 못하는 사람도 사회 구성원으로서 나름의 역할을 할 수 있다. 그러나 시대의 주역으로 성장하기 위해선 양자 분야 지식과 기술을 반드시 갖출 필요가 있다.

만약 물리학과 등으로 진학하고자 하는 중고등학교 학생이 있다면, 양자 기술 분야에 가진 흥미를 구체화하고 탄탄한 기초를 다져 나갈 필요가 있을 것이다. 양자 시대의 인재가 되기 위한 기본은 수학과 과학이다. 특히, 행렬과 벡터를 다루는 선형대수, 확률과 통계, 그리고 미적분학의 기초를 탄탄히 다져야 한다. 과학 박람회 참관이나 연구 프로젝트(R&E) 참여 등을 통해 적극적으로 경험을 쌓아 나가는 태도도 필요할 것이다.

꼭 이공계 진학이 목표가 아닌 사람에게도, 양자 분야는 인문·사회학적 관점과 연결하는 융합 탐구 활동은 차별화된 역량을 보여줄 좋은 기회다. 양자 기술이 사회의 불평등을 심화시킬 것인가?', '양자 컴퓨팅 시대의 데이터 프라이버시'와 같은, 기술과 사회, 윤리를 융합하는 주제를 탐구해 보고, 해당 탐구보고서 등을 작성해 보는 '자기주도 학습' 과정은 사고력 배양에 큰 도움이 되리라 여겨지며, 입사 전략 면에서도 유효하다. 분명 설득력 있는 우수성 평가 자료로 작용할 것이다.

3장

2025
노벨 화학상

기타가와 스스무 리처드 롭슨 오마르 M. 야기
Susumu Kitagawa Richard Robson Omar M. Yaghi

© Nobel Prize Outreach, 그림: Niklas Elmehed

레고처럼 만드는 '금속 스펀지'의 등장

금속 속에 기체·액체 보관하는 '유기 골격체' 개발 공로 인정

에너지·환경·화학·전자 등 산업 전 분야서 혁신 기대

어릴 적부터 보아 와서 당연하게 생각할 수 있지만, 사실 스펀지는 참 신기한 물건이다. 가만히 두고 보면 분명히 고체인데, 자기 무게의 몇 배나 되는 액체를 빨아들인다. 이건 스펀지 내부에 공간이 있기 때문이다. 그리고 겉면에도 구멍이 많아 물을 쉽게 빨아들인다. 이렇게 스펀지처럼 내부에 공간이 있는 물질을 '다공성 물질'이라고 부른다. 물을 쉽게 빨아들이기 때문에 욕실 발판 등으로 사용하는 규조토 매트도 다공성 물질의 대표적인 사례다.

그런데, 스펀지처럼 금속 내부에 액체나 기체를 넣

고 뺄 수 있다면 믿을 수 있을까? 사실 금속은 이른바 발포 가공 등을 통해 특별히 만들지 않는 한 다공성 물질이라고 보긴 어려운데, 그래도 잘 생각해 보면 내부에 공간이 없는 것은 아니다. 금속 내부의 분자 결합 사이에 빈 공간을 이야기하는 것이다.

물론 금속은 스펀지처럼 기체나 액체를 자연적으로는 빨아들이지 못한다. 하지만 사람들은 이런 분자 사이의 빈틈까지도 어떻게든 이용해 보려고 했다. 높은 압력으로 보관해야 하는 수소 등의 기체를 금속 내부에 저장해 보려는 연구도 진행되고 있다. '수소저장합금'이라고 해서, 이미 존재하는 기술이다. 금속을 가져다 놓고, 아주 높은 압력으로 수소를 밀어넣으면 결국엔 금속 안으로 들어간다.

이때 원리는 스펀지가 물을 머금는 것과 전혀 다르다. 스펀지는 그냥 내부 공간으로 물을 흡수하는 것이지만, 이 경우에는 금속과 수소의 분자 구조가 결합해 새로운 분자로 바뀌는 식이다. 따라서 금속과 수소가 하나의 물질로 분자로 합쳐진 '금속 수소화합물(metal hydride)' 형태로 수소를 보관하게 된다. 이렇게 만들어진 수소화합물에 외부 압력을 낮추거나 열을 가하는 등의 방법으로 자극을 주면, 분자 결합이 풀리면서 수소가 금속 밖으로 나오게 된다. 이러한 저장 과정을 '흡장'이라고 부르고, 다시 꺼내는 과정을 '방출'이라고 부른다. 참고로 물(H_2O)이나 암모니아(NH_3)도 수소화합물의 일종이다.

금속에 다른 물질을 저장하는 기술이 연구되기 시작한 것은 꽤 오래된 일이다. 이미 특수 목적으로 실용화된 경우도 적지 않다. 그러나 대중적으로 널리 쓰이기에는 단점이 있었다. 우선 금속 자체가 너무 무거워 휴대하기 불편했고, 수소 등 분자량이 매우 낮은 기체만 제한적으로 보관이 가능했으며, 보관하고 다시 꺼내는 과정에서 에너지도 많이 들었다.

결국 과학자들은 기존 방식보다 저장 용량이 더 크고, 효율도 더 높은 물질을 인공적으로 만들고자 했다. 이런 문제를 해결할 대안으로 주목받는 신소재가 바로 '금속 유기 골격체(MOF, Metal-Organic Frameworks)'다. 보통 MOF라는 약자로 쓴다. 2025년 노벨 화학상 수상 주제가 바로 이 MOF이다.

'분자 스펀지'라고 불리는 까닭

이름에서 짐작할 수 있듯이 MOF는 입체 분자 구조이다. 금속 내부에 실제로 비어 있는 공간이 있다. 따라서 기존에 수소 등을 금속에 저장할 때와 달리, 금속 자체의 성질이 화합물로 바뀌지 않는다. 단지 내부 분자 구조 안에 물질을 흡착해 가둬 둔다. 정확한 표현은 아니지만, 원리 면에서는 저장 합금보다는 도리어 '스펀지'에 더 가깝다. 실제로 MOF를 '금속 스펀지'나 '분자 스펀지' 등으로 부르는 경우가 많은 것은 이 때문이다. 물론 금속이기 때문에 스펀지처럼 손으로 쥐어짠다고 넣어 뒀던 기체가 쏟아져 나오는 정도는 아니지만, 저장합금 기술에 비해 여러 가지 물질을 저장하고 꺼내는 일이 대단히 손쉽다.

그렇다면 이 MOF를 어디에 사용할까. '뭔가를 저장할 수 있는 것 같은데, 그게 뭐 그리 중요한가' 하고 생각할 수 있겠지만 현실에서는 이야기가 달라진다. 이 특성 하나 때문에 다양한 인류 난제를 해결할 수단으로 꼽히고 있기 때문이다.

MOF는 그 분자 형태가 정해진 물질이 아니다. 특

정 조건을 만족하는 분자 구조로 만들기만 하면 어떤 형태든 MOF로 구분한다. 그리고 이런 구조는 필요에 따라 인공적으로 얼마든지 다양하게 설계해서 만들 수 있다. 또한 분자 구조를 어떻게 설계하느냐에 따라 그 성질이나 쓰임새도 판이하게 달라질 수 있다. 이 말은 에너지 및 환경 산업 분야 전반에서 다양한 목적으로 쓸 수 있다는 뜻이다. 최근 화학 분야에서 뭔가 새로운 기능을 하는 물질을 개발하려고 할 때, MOF 구조를 생각하는 경우가 많은 것은 이 때문이다.

이런 특성 때문에 MOF 응용 분야는 실로 넓다. 후술하겠지만, 사실상 쓸모없는 산업 분야를 찾기 어렵다고 해도 과언이 아니다. 2025년 노벨 화학상이 MOF 개발을 이끌어 낸 과학자 3명에게 돌아간 것도 이런 사회적 혁신을 이끌어 낼 단초를 제공했기 때문이다.

그렇다면 MOF는 어떤 구조로 되어 있을까. MOF는 금속과 유기화합물(탄소화합물)을 이용해 만든다. 금속과 유기화합물로 지은 집인 셈이다. 금속 원소가 집의 기둥이며, 그 사이사이를 탄소 기반 분자인 '유기 연결재'로 메꿔 나가는 식이다. 즉 유기 연결재는 기둥 사이를 잇는 벽이라고 생각할 수 있다. 이렇게 유기 연결재가 반복적으로 연결되면서 수많은 방, 즉 비어 있는 공간이 생긴다. 그리고 그 공간에 기체 분자를 흡수·저장할 수 있는 형태이다. 이렇게 만든 MOF 내부 저장 공간 하나하나는 나노미터(nm) 단위로 대단히 작다. 마치 레고처럼 분자 구조를 조립하면서 다양한 물질을 담을 수 있는 '초미세 저장 창고'를 만드는 식이다.

MOF는 만드는 과정도 비교적 간단하다. 필요한 금속을 이온화시켜 준비하고, 유기 연결재와 섞어 특정 조건(주로 열을 가하는 용매열 합성법)을 가하면, 금속 마디와 유기 연결재가 마치 자석처럼 서로 이끌려 스스로 조립된다. 이렇게 연결되는 것을 배위결합(coordinate bond)이라고 부른다. 규칙적이고 반복적인 3차원 격자 구조를 가진 결정성 고체가 만들어지는 것이다. 이렇게 만들어진 MOF의 골격은, 용매를 제거해도 무너지지 않고 안정적인 다공성 구조를 유지한다.

변화무쌍, 다양하게 응용할 수 있는 MOF

2025년 노벨 화학상 수상자로 리처드 롭슨 박사, 기타가와 스스무 박사, 오마르 M. 야기 박사가 꼽혔다. 이들은 각각 새로운 연구를 통해 이를 MOF 개발로 연결했다.

연구는 1989년 롭슨 박사의 실험에서 시작됐다. 그는 자연에서 가장 안정적인 구조 중 하나인 다이아몬드 구조에서 영감을 얻었다. 다이아몬드의 분자를 전자현미경으로 들여다보면, 각 탄소 원자가 다른 탄소 원자 네 개와 나란히 붙은 구조다. 마치 정사면체 형태로 보인다. 그는 탄소 원자 대신 구리 원자를 이온화(Cu^+)시켜 사용했다. 그리고 네 개의 팔을 가진 특수 제작된 유기 분자(tetracyanotetraphenylmethane)를 새롭게 만들어 결합시키는 데 성공했다. 이 분자의 각 팔 끝에는 구리 이온에 결합할 수 있는 작용기가 달린 형태다. 이렇게 만든 분자를 합쳐 하나의 금속 덩어리로 만드는 데도 성공했다. 즉 내부 공간이 엄청나게 넓은 금속 물질을 새롭게 만든 것이다. 롭슨 박사는 개발한 구조의 잠재력을 즉시 알아차렸지만, 당시 그가 개발한 MOF는 불안정해 쉽게 붕괴되는 단점이 있었다.

이후 1990년대 초부터 2000년대 초 사이에 기타가와 스스무 박사와 오마르 M. 야기 박사가 각각의 연구를 통해 롭슨 박사가 만든 구조를 실용적이고 견고한 시스템으로 발전시켰다. 기타가와 박사는 MOF의 틈을 따라 기체가 자유롭게 드나들 수 있다는 사실을 1992년 증명했다. MOF에 실제로 기체 등을 넣고 뺄 수 있다는 사실을 보여 준 첫 사례였다. 야기 박사는 1995년 이후 MOF를 컴퓨터 시뮬레이션을 통해 합리적으로 설계하는 방법을 제시했다. 특히 야기 박사는 이런 연구 과정에서 망상화학이라는 화학 장르를 주창했다. 여러 분자를 포함하는 거대한 골격 구조의 물질을 만드는 것으로, 사실상 MOF 연구 과정을 하나의 학문으로 정착시킨 것이다.

노벨상 수상자들의 연구가 발표되고, 많은 과학자가 노력한 덕분에 MOF 기술은 실용 가능한 수준까지 확립됐다. 산업계에서는 저마다 경쟁적으로 새로운 MOF 구조를 만들어 내기 시작했다. 이후 MOF의 종류는 폭발적으로 증가했으며, 현재까지 10만 개가 넘는 고유한 구조가 보고됐다. 이런 구조를 모두 살펴볼 필요는 없겠지만 MOF 연구의 역사에서 중요한 전환점을 마련한 몇 가지 상징적인 물질들은 잠시 짚고 넘어가기로 하자.

오마르 M. 야기 박사 팀이 개발한 MOF는 MOF-5, 또는 IRMOF-1으로도 불린다. 아연 산화물(ZnO_4)이 기반이며, 테레프탈산(terephthalic acid)이라는 유기화합물을 연결재로 사용했다. 이 정육면체 구조는 망상화학 개념이 현실에서 구현될 수 있음을 증명한 결정적인 증거였다. 다른 다공성 물질들이 도달하지 못했던, 약 3,000m^2/g에 달하는 경이로운 비표면적을 기록했다. 하지만 MOF-5는 수분에 대단히 취약하다는 치명적인 약점이 있었다. 습기나 물과 접촉하면 결정 구조가 붕괴돼 다공성을 잃어버렸다. 이 때문에 당시에는 MOF를 실제 산업이나 환경 분야에 적용하기 어려웠으며, 이후의 MOF 연구가 '안정성 확보'라는 새로운 과제를 해결하는 방향으로 나아가게 하는 중요한 계기가 됐다.

이번 노벨상 수상에서는 제외됐으나, MOF 연구에서 홍콩과학기술대학교 연구진의 업적은 적지 않다. 예를 들어 'HKUST-1'이란 이름의 MOF가 1999년 개발됐는데, 구리 이온에 벤젠의 일종(정확히는 벤젠-1, 3, 5)과 트리카복실산(tricarboxylic acid)을 유기 연결재로 사용했다.

이는 MOF-5와 함께 가장 널리 연구되는 MOF 중 하나로 자리 잡았다. 상대적으로 개선된 안정성을 바탕으로 상업적으로 생산되는 몇 안 되는 MOF 중 하나가 됐다.

이후 'UiO-66'이란 이름의 MOF가 노르웨이 오슬로대학교(UiO)에서 개발됐는데, 기본 금속 원소로 지르코늄(Zr)이란 금속을 썼다. 이 구조는 12개의 유기 연결재와 강하게 결합하는 독특한 구조를 보였다. 이를 통해 전례 없는 수준의 화학적, 열적 안정성을 확보할 수 있었다. UiO-66은 물은 물론 약산성 용액 속에서도 구조를 안정적으로 유지했다. 이 획기적인 발전 덕분에 수분이 존재하는 실제 산업 공정이나 환경 정화 분야에서도 MOF를 활용할 수 있는 가능성이 활짝 열렸다. 다만 강한 염기성 환경에서는 구조가 분해되는 등 한계를 지니고 있었다.

이후 새로운 구조의 MOF가 등장하게 된다. 이는 '제올라이트 유사 이미다졸레이트 골격체(ZIFs, Zeolitic imidazolate frameworks)'라고 불리며, 아연(Zn)이나 코발트(Co) 같은 금속 이온에 이미다졸(imidazole) 기반 유기 연결재를 이용해 만든다. 이는 MOF 등장 이전 주목받던 다공성 소재인 '제올라이트'와 구조가 대단히 유사해 과학자들의 관심을 받았다. 제올라이트의 구조적 안정성과 MOF의 설계 유연성을 동시에 갖춘 것이 특징이다. 여러 종류의 ZIFs가 존재하며 저마다 성격이 있다. 예를 들어 ZIF-8의 경우 소수성(hydrophobicity), 즉 물을 밀어내는 성질을 갖고 있어 산업 현장에서 기체를 분리하거나 정제할 때, 공정 가스에 섞인 수증기를 제거할 때 등에 활용할 수 있다. ZIFs 계열 MOF는 기체 분리 및 저장 분야에서 매우 유망한 소재로 평가받고 있다.

MOF의 장점은 이처럼 새로운 구조를 계속해서 만들며 다양한 분야에 응용성을 높여 나갈 수 있는 '열린 플랫폼'으로써 기능한다는 것이다. 지금도 지속해서 연구가 이뤄지고 있으며, 앞으로 얼마나 많은 분야에서 쓰이게 될지 실로 기대되는 분야다.

에너지·환경·전자 등 산업 전 분야에서 활용

MOF의 독특한 물리화학적 특성은 인류가 직면한 중대한 과제를 해결할 수 있는 다양한 응용 가능성을 갖고 있으며, 기후, 에너지, 환경, 의료 등 광범위한 영역에 걸쳐 혁신을 주도할 것으로 평가받고 있다.

MOF의 특징은 무엇보다 기존 금속 물질에서 찾아보기 힘든, 압도적으로 큰 다공성이다. 즉 물질이 외부와 닿는 표면적이 크다는 이야기이다. 노벨 화학 위원회 위원인 올로프 람스트룀은 MOF의 경이로운 표면적을 《해리 포터》 시리즈에 등장하는 헤르미온느의 마법 가방에 비유했다. 각설탕 한 조각과 비슷한 단 1g의 MOF를 펼치면, 그 내부 표면적은 축구장 전체 면적과 맞먹는다.

이 말은 아주 작은 부피에 막대한 양의 기체를 저장할 수 있다는 뜻이다. 따라서 가장 주목받는 분야는 단연 기후 변화 대응 및 환경 기술이다. 예를 들어 수소 저장에 최적화된 형태로 MOF를 만들 수 있다. 수소를 탱크 등에 저장하려면 350~700bar(약 350~700기압) 이상의 높은 압력으로 밀어넣어야 하는데, MOF를 이용하면 이런 부담이 사라진다. 수소 저장과 유통 등의 과정에서 다양한 쓸모가 있다는 이야기다. 그리고 수소의 저장과 유통이 손쉬워진다는 말은, 청정 에너지 사회를 앞당기는 과정에서 큰 가치가 있다.

참고로, 그렇다고 해서 MOF 기술이 기존 수소 저장 합금 기술을 대체하는 것은 아니다. 장단점이 있기 때문이다. 수소 저장 합금은 금속 덩어리 속에 저장하므로, 부피 대비 상당히 높은 저장 용량을 자랑한다. 한 자리에서 수소를 안정적으로 대량 저장하려고 할 때 의미가 크다. 반대로 MOF는 가볍고 취급이 편리하므로 운송 등의 과정에서 활용성이 크다.

MOF를 이용하면 기체 선택성과 흡착 능력이 극도로 높은 물질을 만들 수 있다. 발전소나 산업 시설에서 배출되는 배기가스로부터 지구온난화 원인 물질인 이산화탄소를 효율적으로 포집하는 데 활용할 수도 있다. 이미 지구 전역의 이산화탄소 농도가 상승 중이므로, 대기 중에 존재하는 이산화탄소를 갈무리해 제거하는 '이산화탄소 직접 포집(DAC, Direct Air Capture)' 과정에도 응용할 수 있다. 우리가 숨쉬는 공기 속 이산화탄소를 효과적으로 제거할 수 있게 되는 셈이다. 혹은 공기 중의 수증기를 흡착하도록 만들어 사막 지역에서도 안정적으로 마실 물을 얻을 수 있다.

심지어 특정 금속을 재료로 MOF를 만들면 고효율

촉매로도 만들 수 있다. 표면적이 넓다는 말은 훨씬 적은 양의 금속으로도 같은 수준의 촉매 반응을 끌어낼 수 있다는 뜻이다. 촉매를 단순히 화학 반응 효율을 높이는 부가적인 요소로 생각하는 경향이 있는데, 만약 촉매가 없으면 생산 효율이 크게 떨어져 화학 산업 전체가 붕괴할 것이다. 촉매는 전자 산업에도 중요하다. 배터리나 일부 발전 장치 등은 화학 원리를 이용하므로 촉매가 필수적이기 때문이다. 현재 촉매로 가장 효율이 좋은 물질은 고가 귀금속인 백금인데, MOF 기술을 적용해 극미량의 금속으로도 효율 높은 촉매를 만들 수 있다면 산업 경쟁력 자체가 크게 올라가게 된다.

이 밖에도 MOF의 활용 범위는 무궁무진하다. 특정 분자만을 통과시키는 분자체(molecular sieve) 역할을 할 수 있으므로, 이 특성을 이용해 산업계에서 분리막과 같은 제품을 만들 수 있다. 석유화학 공정의 효율을 높이거나, 기공 내부에 촉매 활성 부위를 설계해 친환경적인 화학 반응을 유도할 수도 있다. 생체 적합성을 가지도록 설계된 MOF는 인체 내에서 약물을 필요한 부위에 정확히 전달하고 서서히 방출하는 약물 전달 시스템으로도 활발히 연구되고 있다.

MOF는 처음 개발된 이후 30여 년이 지났지만, 아직 완전한 상용화 단계에 이르지는 못했다. 경제성을 고려한 산업화 과정에 적용하려면 아직 준비가 필요하기 때문이다. MOF를 구성하는 유기 연결재 중 일부는 구조가 복잡해 합성에 여러 단계가 필요하고, 가격도 비싸다. 전통적인 용매열 합성법은 실험실 규모에서 효과적이지만, 수 시간에서 수일에 달하는 긴 반응 시간과 높은 에너지 소비 때문에 산업적 규모의 대량 생산에는 적합하지 않다. 실제 산업 공정의 고온, 고압, 수분, 산성 가스 등 가혹한 환경에서 장기간에 걸쳐 물리적, 화학적 안정성을 유지할 수 있는지도 지속해서 검증할 필요가 있다.

따라서 다소의 시간은 더 필요하겠지만, MOF 관련 과학적 기반은 이미 완성 단계이다. 산업계에서 "이런 기능을 갖춘 MOF가 필요하다"고 요구할 때, 그 수요에 따라 새로운 구조를 즉시 만들 수 있는 맞춤형 기술을 개발하는 단계에 이르렀다. 인공지능(AI)과 컴퓨터 시뮬레이션을 통해 최적의 MOF 구조를 빠르게 설계하는 것이 가능해졌기 때문이다.

금속 속에 조그만 집을 짓는 일. 이런 작은 발견이 사회 전체의 혁신으로 이어진다. 이처럼 과학기술 분야에서 이뤄지는 발견과 개발은, 그 무엇도 결코 허투루 생각할 수 없다. 노벨상이 그 작고도 위대한 발견에 대한 인류의 대표적 표창장으로서 더할 나위 없는 의미를 갖는 까닭이다.

'맞춤형 물질'의 시대를 연 분자 건축가들

재료 과학 분야 전체에 새로운 '개념'을 제시해 현실 구현

리처드 롭슨, 기타가와 스스무, 오마르 M. 야기

2025년 노벨 화학상은 단일한 발견이나 발명품이 아닌, 재료 과학 분야의 새 지평을 연 화학자 3인에게 수여됐다. 영국의 리처드 롭슨 박사(Richard Robson, 1937년생, 호주 멜버른대학교 교수), 일본의 기타가와 스스무 박사(Susumu Kitagawa, 1951년, 일본 교토대학교 교수), 그리고 요르단 출신의 오마르 M. 야기 박사(Omar M. Yaghi, 1965년생, 미국 캘리포니아대학교 버클리 캠퍼스 교수)이다.

올해 노벨 위원회가 주목한 분야는 금속 유기 골격체(MOF)이다. 세 사람의 연구는 서로 다른 시기와 장소에서 독립적으로 이루어졌지만, 결과적으로 서로의 발견

을 보완하고 발전시키며 새로운 학문 체계를 완성하는 데 결정적인 역할을 했다. 이번 노벨상은 단순히 새로운 물질군을 만든 공로를 넘어, 물질을 바라보고 창조하는 방식 자체에 근본적인 변화를 불러왔다는 점에서 높은 평가를 받는다.

특히 이번 노벨 화학상은 노벨 위원회가 재료 과학의 패러다임 전환을 인정했다는 점에서 그 의의가 크다. 지금까지는 자연에서 물질을 발견하거나, 혹은 우연한 실험을 통해 새로운 화합물을 얻었다. 그러나 MOF의 등장 이후, 과학자들이 원하는 기능을 먼저 설정하고, 그에 맞춰 원자 수준에서부터 물질을 정교하게 설계하고 조립하는 '합리적 설계'의 시대를 본격적으로 열었다. 리처드 롭슨이 개념적 씨앗을 뿌렸고, 기타가와 스스무가 그 기능성을 입증했으며, 오마르 M. 야기가 안정성과 설계 가능성을 확립해 거대한 학문적 나무로 키워 냈다. 이번 2025년 노벨 화학상은, 화학을 '발견의 과학'에서 '창조의 과학'으로 한 단계 끌어올린 분자 건축가들에게 바치는 찬사인 셈이다.

우연한 통찰을 혁신으로 바꾸다: 리처드 롭슨

리처드 롭슨 박사는 1937년 영국 요크셔에서 태어났다. 옥스퍼드대학교에서 학사(1959년)와 박사(1962년) 학위를 취득한 후, 캘리포니아공과대학교(Caltech)와 스탠퍼드대학교에서 박사후연구원으로 경력을 쌓았다. 이후 1966년 호주 멜버른대학교에 부임, 지금까지도 학교에 적을 두고 있다. 거의 60년 동안 한 대학에서 연구해 온 셈이다.

MOF의 역사는 1974년 호주 멜버른대학교에서 시작됐다. 리처드 롭슨 박사는 1학년 화학 강의에 사용할 분자 모델을 만들고 있었다. 나무로 만든 공 여러 개를 막대로 연결해 만드는 구조물이다. 나무 공을 원자라고 가정하고, 여러 개의 원자를 연결해 '분자의 화학 결합 구조'를 시각적으로 이해하게 돕는 전통적인 교육 방식이었다. 과학 교실 등에 가서 이런 모형을 본 사람들이 적지 않을 것이다.

이 모형을 바라보던 롭슨 박사의 머릿속에 하나의 아이디어가 스쳐 지나갔다. 지금 만들고 있는 분자 모형처럼, 현실 속에서도 원자를 차곡차곡 연결해 전혀 새로운 종류의 분자를 만들 수 있을 거라는 생각이었다. 이 아이디어는 10년 넘게 그의 머릿속에 머물렀고, 마침내 1980년대 후반에야 실험을 진행할 수 있게 됐다.

여담이지만 과학계에는 '블루 스카이 연구(blue-sky research)'라는 이야기가 있다. 실제 세계에 적용할 가능성이 당장 명확하지 않은 분야를 순수한 지적 호기심에 진행하는 것을 이야기한다. 롭슨 박사가 이 아이디어를 발전시켜 MOF 연구에 성공한 사례는 블루 스카이 연구에서의 대표적 성공 사례로 꼽힌다.

롭슨 박사의 실험은 마침내 성공했다. MOF 개념을 최초로 구현한 순간이었다. 이런 구조를 처음으로 만들어 낸 것이 그의 업적인 셈이다. 하지만 그 분자 구조는 취약해서 쉽게 다공성을 잃어버린다는 단점이 있었다.

분자 기능주의자: 기타가와 스스무

기타가와 스스무 박사는 1951년 교토에서 태어나고 자랐다. 자연스럽게 교토대학교에 진학, 학사(1974년)부터 박사(1979년) 학위까지 모두 교토대에서 취득했다. 일본

현지에서는 화학계의 거목으로 인정받는 인물이다. 졸업 후 그는 긴키대학교, 도쿄 도립대학교를 거쳐 1998년 모교인 교토대학교 박사로 돌아왔다. 이후 세계적인 연구소인 '통합 세포-물질 과학 연구소(iCeMS)'를 설립해 후학 양성과 연구에 매진해 왔다.

그는 MOF 기술의 잠재력을 현실로 바꾸는 데 결정적인 역할을 했다. '구조와 기능 사이에 다리를 놓은 것'이라는 평가를 받는다. 롭슨 박사가 제시한 MOF의 개념에 '기능성'을 실제로 구현한 셈이다.

롭슨 박사가 만들어 낸 초기형 MOF는 불안정성 문제를 안고 있었다. 따라서 당시 학계에서는 이를 이용해 실질적으로 기체나 액체 등을 저장할 수 있을지에 대해 회의적인 시각을 보였으나, 기타가와 박사는 이 문제를 정면으로 돌파했다. 1997년, 그의 연구팀은 구조가 무너지지 않고 안정적인 다공성, 즉 '영구적 다공성(permanent porosity)'을 유지하는 MOF를 만들어 내는 데 성공했다. 여기에 더해 분자 구조 안쪽의 공극(비어 있는 공간)이 실제로 상온에서 질소나 산소 같은 기체 분자를 흡착하고 방출할 수 있음을 실험적으로 증명한 것이다.

기타가와 박사의 공헌은 여기서 그치지 않았다. 이후 연구를 통해 MOF가 단단한 구조물이라는 통념을 깨고, 외부 자극에 반응해 구조가 유연하게 변하는 '부드러운 다공성 결정(Soft porous crystals)'을 개발하는 데도 성공했다. 이런 형태의 MOF는 특정 기체 분자만을 선택적으로 흡착하는 등의 목적에 쓸 수 있다. MOF를 지능형 감응 소재로 격상시킨 것이다. 또 그는 MOF의 발전 과정을 체계적으로 정리해 발표하기도 했다. 불안정한 1세대부터 안정적이고 유연하며 복합적인 기능을 갖춘 4세대까지 정리하고, 해당 분야의 연구 방향을 제시하는 기준을 제시했다.

기타가와 박사는 노벨 위원회의 수상자 발표가 나온 후, 교토대에서 기자 회견을 가졌다. 성공 비결이 무엇이냐는 질문에 "흥미를 갖고 도전하는 자세"라고 답했다. 또 "새로운 도전은 과학자에게 참다운 즐거움"이라며 "힘든 일도 많았지만 벌써 30년 이상 즐겨 왔다"고 이야기하기도 했다.

MOF 체계화를 이끌어 내다: 오마르 M. 야기

오마르 M. 야기 박사의 어린 시절 삶은 역경 그 자체였다. 그러나 그런 역경을 딛고 미국으로 이주, 마침내 세계적인 과학자 반열에 올라선 입지전적 인물이다.

그는 1965년 요르단 암만의 팔레스타인 난민 집안에서 태어났다. 가축과 함께 사는 단칸방에서 여러 형제와 함께 자랐으며, 식수와 전기가 부족한 열악한 환경에서 성장했다. 한 인터뷰에서 그는 "일주일에 두어 시간만 쓸 수 있는 물을 얻으려고 새벽에 일어나야 했다"고 회상했다. 15세에 미국으로 이주했는데, 당시에는 교육을 받지 못해 영어를 거의 하지 못했지만 학업을 포기하지 않고 계속해 허드슨 밸리 커뮤니티 칼리지(Hudson Valley Community College)에 입학했다. 뉴욕의 주립 초급 대학 과정이다. 이어 뉴욕 주립대학교 올버니로 편입해 학사 학위를 받았고 일리노이대학교 어바나-샴페인에서 마침내 박사 학위(1990년)를 취득하기에 이른다.

이후 하버드대학교에서 박사후연구원을 거치며 연구 역량을 점차 높여 갔고 애리조나 주립대학교 조교수(1992~1998), 미시간대학교 교수(1999~2006), 캘리포니아대학교 로스앤젤레스 교수(2007~2012)를 역임했다. 그 이후부터는 캘리포니아대학교 버클리 캠퍼스 교수로 재직하고 있다. 그리고 2025년, 캘리포니아대학교 이사회는 야기 박사를 '대학교수(University Professor)'로 임명했다.

미국에서 대학교수란 명칭은 특별한 의미가 있다. 캘리포니아대학교의 경우, 교수별 직함을 기부자 이름 등을 따서 개별로 부여한다. 야기 박사의 대학교수 직함을 받을 때의 공식 직함은 '제임스·넬체 트레터 기부 석좌 화학 교수(James and Neeltje Tretter Chair Professor of Chemistry)'이다. 즉 대학교수 직함은 최고 권위이자 독점적인 학술 직위를 나타낸다. 캘리포니아대학교 측은 "국제적으로 가장 뛰어난 학자들에게만 수여되는 직함"이라며 "연구, 교육, 그리고 봉사를 통해 해당 분야뿐 아니라 더 넓은 학문 및 국제 사회 전반에 걸쳐 탁월한 영향력을 발휘한 사람에게 주어진다"고 설명한 바 있다.

1995년, 야기 박사는 그간 다양한 이름으로 불리던 금속 다공성 물질에 MOF라는 이름을 처음 붙였다. 그리고 MOF 개발 및 제조에 쓰이는, 분자 구성 단위를 강한 결합으로 꿰매어 원하는 구조를 만드는 화학 분야에 대해 망상화학이라는 이름을 명명했다. 즉 MOF 분야를 새로운 학문 체계로서 정립한 것이다.

연구적으로는 MOF를 마치 레고 블록을 조립하듯 예측 가능하고 합리적인 방식으로 설계하고 구축하는 방법론을 제시한 점이 가장 큰 업적으로 꼽힌다. 그는 연구를 통해 1999년에 'MOF-5'를 발표했는데, 섭씨 300도의 고온을 견딜 수 있었으며, 기록적인 수준의 다공성을 보였다. 이전 MOF들과는 차원이 다른, 놀라울 정도로 높은 안정성이었다. 이후 그는 2002년과 2003년, MOF의 구성 요소를 체계적으로 변경해 기공의 크기와 화학적 성질을 정밀하게 조절할 수 있음을 증명해 보였다. 이른바 합리적 설계가 가능함을 입증한 것이다.

야기 박사는 MOF를 이용해 수증기를 갈무리하는 기술도 개발했다. 이를 응용해 건조한 사막에서 대기 중 수분을 식수로 만드는 장치를 개발한 공로도 인정받고 있다. 이는 어린 시절 식수 부족으로 고생한 그의 경험에서 비롯됐다. 가축과 같은 방에서 물 부족을 걱정하며 잠들던 소년이 전 세계 식수 문제 해결에 기여할 기술을 개발한 것이다.

산업 지형 바꿀
'신소재 산업'이 열린다

MOF 기술은 특정 제품이나 단일 산업에 국한되지 않고, 사회 전반의 기술적 난제를 해결하는 '가능 기술(enabling technology)'로써 인정받고 있다. 기후, 에너지, 환경, 의료 등 인류가 직면한 핵심 문제에 대한 새로운 해법을 제시하고 있기 때문이다. 처음 개발 이후 30년이 훌쩍 지났지만 이제야 상용화 문턱에 와 있다. 앞으로 MOF 기술이 상용화되면 사회는 에너지 생산 및 소비 방식, 환경오염 관리, 질병 치료의 패러다임에서 큰 변화를 맞이할 것으로 예상된다. 이 새로운 시기를 우리는 어떻게 대응해야 할까.

화학, 신소재 등 직접 관련 산업 종사자의 경우, MOF 기술의 발전은 새로운 기회를 제공한다. 현재 실험실 수준의 연구를 넘어 산업적 대량 생산을 위한 기술 개발이 경쟁적으로 이뤄지고 있다. 해당 분야 종사자라면 이 흐름을 놓치는 우를 범해선 안 될 것으로 보인다. 유력 분야로는 유기 연결재의 비용 절감, 용매 사용을 최소화하는 친환경 대량 합성, 등이 핵심 과제로 주목받고 있다. 또 인공지능과 컴퓨터 시뮬레이션을 활용하여 특정 목적에 맞는 MOF 구조를 빠르고 정확하게 설계하는 역량을 갖추는 것도 중요한 경쟁력이 될 것으로 여겨진다. MOF의 구조는 초기에 비해 대단히 안정화됐으나, 여전히 특정 상황에서 수분이나 열, 기계적 충격에 취약한 경우가 있으므로, 이를 보완하기 위한 신기술 개발 분야도 주목받을 것으로 보인다.

MOF 기술의 영향력은 직접 관련된 분야를 넘어 사회 전반으로 확산될 것으로 여겨진다. 엔지니어링(화학·환경·기계 등) 분야 전반에 영향을 미치기 때문이다. 우선 MOF 소재를 기존 시스템에 통합하고 최적화하는 방안을 고민할 필요가 있다. 예를 들어, 발전소 등에 현재도

탄소 포집 설비가 도입되고 있는데, 이를 MOF 형태로 교체할 때 어떤 이점이 있는지 등을 명확히 분석해 대응하는 식이다. 자동차의 연료 저장 탱크, 건물의 공조 시스템(HVAC) 등에 MOF를 적용하기 위한 공정 설계 및 시스템 엔지니어링 역량도 중요해질 것으로 보인다. 투자·경영 분야에서는 MOF 분야에서 새로운 사업을 적극 모색할 필요가 있다. MOF 시장은 2030년까지 수십억 달러 규모로 성장할 것으로 예측되므로, 기술의 상용화 단계와 시장 진입 장벽을 분석해 전략적인 투자 및 사업 계획을 수립할 필요가 있다.

지금 종사하는 산업 분야와 직접 관련이 없다고 해도 MOF 기술 동향에는 관심을 기울일 필요가 있다. 다양한 제품과 서비스에 관련 기술이 도입되며 다양한 변화가 일어날 것으로 여겨지기 때문이다. 초기에는 식품의 신선도를 오래 유지하는 포장재나, 전기료를 절감하는 고효율 에어컨 등의 개발에 적용될 것으로 여겨진다. 장기적으로 고효율 수소 자동차, MOF 기술을 적용한 정수 시스템 등의 혜택을 받을 수 있다. 이러한 기술 변화의 의미를 이해해야만 긍정적인 기술 발전을 촉진하는 주체가 될 수 있다.

　미래를 적극적으로 대비하는 학생들의 경우도 MOF와 같은 차세대 소재 분야에 대해 충분한 이해를 가지는 편이 당연히 유리하다. 우선 유기화학, 무기화학, 재료과학, 물리화학 등 해당 분야 전공, 혹은 관련학과 학생들의 경우 물질의 구조와 특성을 이해하는 근본 원리를 더 철저히 다져 변화에 대응할 수 있는 기본기를 손에 넣어야 한다. 추가해서 계산화학 및 데이터 과학 관련 역량, 컴퓨터 시뮬레이션 역량을 키워 둔다면 해당 산업에서 적극적으로 진출할 기회를 얻을 수 있다.

　관련 학과 진학을 희망하는 중고등학생이라면 화학, 물리, 수학 과목의 기초를 탄탄히 다지는 것이 무엇보다 중요하다. 관련 학과로 진학하고 싶은 마음에 해당 분야 전공자나 연구자들이 보아야 할 고급 정보에 미리부터 관심을 두는 학생들이 적지 않은데, 고교 학습 진도의 중요성을 무시해선 좋은 결과를 기대하기 어렵다. 그보다는 현재 학습 과정에서 미래에 대비할 기본기를 철저히 배양하기를 권장한다.

　다만 최근에는 다양한 학생 연구 활동도 권장되고

있으며, 이런 활동이 하나의 노력으로 인정받는 추세이다. 이 경우 MOF 기술이 기후 변화, 청정에너지 등 사회 문제 해결에 어떻게 기여할 수 있는지 탐구하고, 이를 주제로 한 과학 탐구 보고서 작성, 교내 과학 동아리 발표 등의 활동을 통해 자신의 관심과 역량을 보여 줄 필요가 있다.

이는 인문계열 진학 희망자에게도 마찬가지이다. MOF는 융합적 사고와 사회 문제에 대한 깊은 관심을 드러낼 수 있는, 훌륭한 탐구 주제이기 때문이다. MOF 기술을 과학 교과에만 한정하지 않고, 환경, 기술, 사회, 윤리 등 다양한 관점에서 접근하는 탐구 활동을 기획해 본다면 좋은 결과를 기대할 수 있을 것으로 여겨진다. 식품 포장, 정수 필터, 약물 전달 등 실생활과 밀접한 주제를 선택해 그 원리와 미래 전망을 조사하고, 이 기술이 우리 생활을 어떻게 바꿀 수 있을지에 대한 아이디어를 제시하는 활동 등도 창의적 탐구 역량을 보여 주는 좋은 방법이 될 것이다.

하루만에 이해하는 노벨 과학상 2025

초판 1쇄 발행 2025년 10월 29일

지은이	전승민
펴낸이	박영미
펴낸곳	포르체
책임편집	유나 김찬미
마케팅	정은주 민재영
디자인	황규성
출판신고	2020년 7월 20일 제2020-000103호
전화	02-6083-0128
팩스	02-6008-0126
이메일	porchetogo@gmail.com
인스타그램	porche_book

ⓒ 전승민(저작권자와 맺은 특약에 따라 검인을 생략합니다.)
ISBN 979-11-94634-63-8 (03500)

- 이 책은 저작권법에 따라 보호받는 저작물이므로 무단전재와 무단복제를 금지하며, 이 책 내용의 전부 또는 일부를 이용하려면 반드시 저작권자와 포르체의 서면 동의를 받아야 합니다.
- 이 책의 국립중앙도서관 출판시도서목록은 서지정보유통지원시스템 홈페이지
  (http://seoji.nl.go.kr)와 국가자료공동 목록시스템(http://www.nl.go.kr/kolisnet)에서 이용하실 수 있습니다.
- 잘못된 책은 구입하신 서점에서 바꿔드립니다.
- 책값은 뒤표지에 있습니다.

여러분의 소중한 원고를 보내주세요.
porchetogo@gmail.com